24 SAFETY LESSONS FOR CHILDREN

原文娟——著

24讲给孩子的堂安全课

安全博士对女儿的安全教育

A SAFETY DOCTOR'S SAFETY EDUCATION FOR HER DAUGHTER

中国经济出版社
CHINA ECONOMIC PUBLISHING HOUSE

图书在版编目（CIP）数据

讲给孩子的 24 堂安全课 ：安全博士对女儿的安全教育 / 原文娟著. -- 北京 ：中国经济出版社，2025. 3.

ISBN 978-7-5136-7858-2

Ⅰ. X956-49

中国国家版本馆 CIP 数据核字第 20245RN483 号

责任编辑　陈　瑞

责任印制　马小宾

封面设计　嘉海文化

出版发行　中国经济出版社

印 刷 者　天津嘉恒印务有限公司

经 销 者　各地新华书店

开　　本　710mm × 1000mm　1/16

印　　张　21

字　　数　277 千字

版　　次　2025 年 3 月第 1 版

印　　次　2025 年 3 月第 1 次

定　　价　68.00 元

广告经营许可证　京西工商广字第 8179 号

中国经济出版社　**网址** http://epc.sinopec.com/epc/　**社址** 北京市东城区安定门外大街 58 号　**邮编** 100011

本版图书如存在印装质量问题，请与本社销售中心联系调换（联系电话：010-57512564）

写给女儿 14 岁生日的一封信
愿你青春无悔

我最最亲爱的女儿：

你今天 14 岁了，按照你的愿望，今年的生日礼物是一台自动缝纫机。除此之外，我还想写一封信给你，作为妈妈对你生日的祝福以及期望。

先让我老生常谈，感慨一下时光的飞逝。在我的记忆中你还是那个胖胖的有着圆圆大眼睛的小姑娘，就像我一直用的微信头像照片一样，而现在你已经是一个比我还高的小大人了。我一方面感叹时光的作用，欣慰于你的成长，另一方面又念念不忘那个会撒娇、爱闹人的小女孩儿。

你 14 岁了，这是一个可以担刑责的年纪，即踏进了成年人的门槛，却还有半只脚留在门外，既向往成熟又畏惧成长，对待事物开始有自己的看法但同时会有些偏激。人们把这个时期称为青春期，因为它是果实从青涩走向成熟的重要阶段，既享受青春的快乐，又要承担成长的痛苦，是人生重要的分界点。

孩子，在这个时期，我想对你说的是，人生的路很长，未来可能有星辰大海，但也一定有坎坷泥泞，我愿你坚强。

最近这段时间经常听你抱怨，说现在学习“内卷”太严重，同学们都必须拼命学习，才能保证自己不被落下。你要花很多时间完成校内作业，以至于没有空闲做心爱的手工簪花。你时常会变得焦虑和沮丧，不知道自己如何才能调解不良情绪，全身心地投入学习。你对未来感到痛苦、迷茫和不解。

你说得都对，现在确实是一个严重“内卷”的时代，我们都被裹挟于其中，父母把自身对生存的焦虑和压力转移到孩子身上，希望孩子能实现阶层的上升，最起码不要下降。而实现这一目标最现实的路径就是考试。一个孩子努力学习，提升的是分数，而当所有孩子都努力的时候，提升的就是分数线。

面对迷茫的你，我陷入沉思。14 岁的我在干什么呢？那时候我在老家一个 18 线的小城镇读初三，是一个普通班里不漂亮、成绩不好而且严重自卑的女孩子。当时我们年级有五个班：两个重点班，三个普通班。重点班有 50% 的学生能考上高中，而普通班一个班最多只能考上一两个孩子，当时我的成绩在普通班的中游，能考上高中的可能性微乎其微。我父母也没对我抱任何希望，初中毕业后上个技术学校，毕业后顶个班，这就是我最可能的出路。

当时的我比你现在更迷茫，不知道自己未来干什么，也不知道现在应该干什么，只是浑浑噩噩地混着日子。有一天，14 岁的我突然灵光乍现，想明白了一件事：就是我不要留在这个闭塞的小城镇，我要走出去，去看看这个世界，去看看所谓的星辰大海。

后来的事情你都知道了，出乎所有人的意料，我像被毛驴踢了脑袋一样，忽然间发奋学习，头悬梁锥刺股，上厕所都要拿本英语书背单词，成绩也直线上升，考上了高中，又考上了大学，毕业后来到北京，再后来有了家庭、有了你。

在报刊中见过一个问题：如果你能穿越回过去，你最想见到谁？下面的回答五花八门，有想见小学班主任的，有想见初恋男友的。而我脱口而出的答案，是想穿越回去见见14岁的自己，我想对她说：谢谢你，谢谢你今天的努力，改变了我的命运。

所以，我人生中最重要的转折点，不是高考，不是毕业来到北京，也不是成为女博士，而是那个炎热沉闷的夏天，一个自卑迷茫的女孩，躺在凉席上，呆滞地望着头顶发黄的蚊帐，听到来自灵魂的发问：这就是你想要的人生吗？你难道没有改变的勇气？我奋力跳了起来，大声说："不，我想要改变，我有改变的勇气。"那一刻，我听见了大海的声音。

孩子，人生艰难，前途多舛。放弃很容易，坚持很难。人们很多时候是在无知的年龄做了选择，在懵懂的年龄承担后果，任何一次选择都有它对应的筹码。如果你问我，14岁的我没有努力，现在的我会不会后悔？会的，真的。至少我可能就来不了北京，遇不上你爸，也就没办法拥有这么可爱的你。我真是足够幸运，在最懵懂的年纪，做了最正确的选择。

孩子，你有很多很多的梦想：想手工复原清代服饰，想去北京大学学考古，想弘扬中国文化。这些梦想都很好。我像你这么大的时候，没有这么宏大的愿望，只是卑微地想从小城镇跳出去看看外面。而你在同样的年龄却已经有了自己发展的方向以及职业的初步规划，我真为你感到骄傲！

人生就是会不断努力上进，又不断被打击下落。努力只会把你带到更需要努力的地方。你在向梦想前进的路上，一定会遇到很多的荆棘沼泽，一定会遇到许许多多的挫折、磨炼。没有谁的人生会一直上升，再优秀的人，发展也是一个不断下跌又坚持上扬的过程。明白这些，做好心理准备，整理行装向梦想前进。

我愿你展翅高飞，在你飞累疲倦时，随时为你提供一个安静的角落，供你休息加油；我愿你受过痛苦磨难，仍然抱有对世界最诚挚的热爱；我愿你走过坎坷泥泞，阅遍星辰大海，不忘初心，归来仍是少年。

而我愿意伏身腐烂成为你脚下的泥土,只愿你能开出绚丽灿烂的花朵。

希望有一天你走到我面前，大声地对我说：“妈妈，我，青春无悔！”

孩子，14 岁生日快乐！

你最最烦的妈妈

于 2021 年 12 月

PS：爱你哟！（比心）

写给女儿 15 岁生日的一封信

做一个通透豁达之人

最最亲爱的小宝：

你今天 15 岁了，热烈庆贺你的生日！

回想往昔，我不禁感慨万千，那个软软糯糯、笑容甜甜的小女孩，已经长成了一个大姑娘。15 岁，这是古代及笄的年龄，要把头发绾起来，戴上簪子，喻示着从此可以正式进入社交场合，是一个大人了。在你小时候，我无数次地憧憬过你长大后的样子，你会成为一个什么样的人。那么，今天我首先想说的是，你比我当初所有的憧憬、所有的想象都更美丽、更优秀！我深深地以你为傲！

15 年的成长，你学会了各种技能，会画画、精于手工、英语流利，你对未来有各种梦想，希望走遍世界，实现人生的抱负。而我就是一个唠唠叨叨的老妈，一边无比骄傲自己孩子的优秀，一边又有千万种不放心，真是可怜天下父母心啊。这种矛盾心理，只有等你当了母亲才能真正地体会到。

在今天这个特殊的日子里，你言笑晏晏地问我：妈妈，你对我有什么期望？我想了又想，只有一句话送给你：孩子，我希望你成为一个通透豁达之人。

我祝福你能够如愿考上好大学，精进自己的技能，实现自己的理想。但我更希望的是，你能理解并接受这个世界通行的法则，能够及时放下生活中的烦恼和忧伤，做一个睿智开朗的人。这比大学文凭和专业技术都更影响你一生的幸福。

那么，如何成为一个通透豁达之人呢？

什么是通透？通透就是能看懂世界运行的基本规律，理解万物之间的底层逻辑。简单来说，就是能透过各种外在的装饰看清事情的本质。电影《教父》中有这样一句台词：花半秒钟看透本质的人，和花一辈子都看不清的人，注定拥有截然不同的命运。

一个真正具有顶尖思维的人，不是上了多么了不起的大学，也不是具备多么高的学历，而是拥有透过现象看本质的洞察力，能在这个纷扰繁杂的世界看清事情的真相，还原事物的本来面貌。佛语云：一花一世界，一佛一如来。智者有一双慧眼，能够见微知著，洞悉人心。

现在人们经常说一句话：选择比努力更重要。以前父母和老师都告诉我们只要好好努力，就能拥有一个光明的未来。现在却发现选择一个合适的赛道，比努力更重要。比如，20年前大学的专业选择金融、十几年前选择在大城市买房，等等。我们想做出正确的选择，就需要具有洞察力，因为万事万物都在不断地发生变化，如果只是依靠自己的经验和感觉，可能会在重大的选择上做出错误的判断。要学会看透一切事物背后的规律，才能找到努力的方向。

想要成为一个通透的人，需要不断训练自己的思维能力，不断地思考这件事情的本质是什么？不断地总结和反思：我学到了什么？我可以改变什么？平时多看有关逻辑和历史的书籍，因为逻辑可以帮助我们归纳和分析，提升我们的思考能力和判断力，最重要的是逻辑可以帮助我们优化思维过程，找到解决问题最简捷的路径；而历史记录了人类社会的发展过程，德国哲学家黑格尔曾说，“人类从历史中学到的唯一的教训，就是没有从历史中吸取任何教训”，历史总是在不断重复，现实也是过去的一种翻版，了解过去可以帮助你看清现实，预测未来。

同时，妈妈希望你能明白，即使再聪明睿智的人也无法完全理解和接受所有的事情，牛顿也悲叹：我能计算出天体运行的轨迹，却难以预料到人性的疯狂。这个社会总是复杂和多变的，不能按照人们希望的那样去生活。所以，在通透之外还要做一个豁达之人，如果已经尽了自己最大的努力，结果还是不尽如人意，那就及时放下吧。花未全开月未圆，人生最好是小满。理想与现实总有差距，要相信得到的才是最好的，没有人是完美无缺的。人生一世，仰不愧于天，俯不怍于地，坦然面对生活的不平和挫折，才能放松下来去欣赏沿途的风景。

孩子，这是我对你最深沉的祝福和期望，未来要做一个通透豁达之人。看清大势，顺应潮流，有自己独到的见解和观点，不人云亦云，也不会螳臂当车，徒增烦恼。能够自重、自爱、自珍、自惜，顺境时不骄傲、不自满，逆势时不灰心、不放弃。小时候是一个快乐无忧的小萌妹，长大了是一个漂亮温和的女孩子，老了也是一个幸福慈祥的老太太。

15岁，多好的年纪，美好的一切都在前面等着你，世界也终将属于你们！青春的可贵在于那颗永远充满勇敢和热情的心，我愿你经历过人生的挫折和不平后，仍然相信世间的真情；愿你心怀仁慈，坚守底线，永远保持真诚和善良。

今日阳光万里，鲜花沿路盛开。

祝你生日快乐！

最爱你的妈妈

2022年12月

自序

没有人会否定这句话：安全第一。

随着社会的快速发展，各种风险接踵而来，如交通事故、自然灾害、网络诈骗、青春期抑郁……现今，夫妻俩养育一个孩子好像比过去养两三个孩子更难，不仅愁上学、愁成绩，更愁孩子的健康和安全。培养一个孩子好比把小船停放在港口，满心期待着它扬帆远航，没想到狂风、波涛、暗礁，任何一个风险的旋涡都有可能将小船打翻吞没，让父母心惊胆战，倍感焦虑。

我们不可能天天盯着孩子，让孩子在自己眼皮底下活动，他们迟早要离开家庭，去社会上游历和开拓事业，安全的责任应该尽快地从父母手中转交给孩子，让他们学会为自己的安全负责任，具备必需的安全能力。在温室中娇养长大的孩子，如何让他们提高安全意识，认识社会上各方面的风险，并有效地避免伤害？这是一个难题。很多人认为安全教育是一件严肃的事情，孩子应该正襟危坐、认认真真地接受安全教育。但实际上，青春期的孩子很难耐心听你说话，传统的教育方式是行不通的！

其一，孩子对父母越是限制的事情反而越是本能地产生好奇。很多时候，父母苦口婆心地劝说其不要做某一件事，处在叛逆期的孩子反而更来劲儿，更想去尝试一下。他们对世界充满了探索的欲望，当父母限制孩子做某件事情时，孩子反而会产生强烈的好奇心，想要亲自体验一下被限制的事情到底有什么特别之处。所以，当你直接告诉孩子不能见陌生的网友、不能告知别人自己的个人信息时，孩子可能会觉得你太胆小谨慎了。

其二，父母自身的经验有限，无法告知孩子太多的安全信息，只能反复强调老生常谈的那几句话，时间一长孩子就厌烦了，左耳朵进右耳朵出，出门和同学们开开心心玩起来，父母那几句“唠叨”早就忘得精光。只有真正遇到危险时才会感到后悔。

因此，安全教育不是说教、不是恐吓，更重要的是体现对孩子的爱和关心。安全的本质是爱，是责任，是理解和信任。不仅要让孩子知道什么是安全的，什么是危险的，从小有安全意识，更要让他们养成安全行为的习惯。如果一本关于安全的书中全是教训和规定，则容易让人产生反感，很难有读下去的欲望，只有娓娓道来，让孩子在一件件小事中体会到安全的重要性和意义，孩子才能心领神会，没有抵触心态，在日常生活中主动去贯彻和执行，这是我从和孩子的沟通中获得的启发。

随着女儿一天天地长大，我开始了对她的安全教育。我认为与其过于担心她、限制她的活动，不如让她知晓每项活动的风险，学会如何规避伤害和保护自己。然而，我很快发现，给孩子做安全教育并不是一件容易的事，这一代孩子有很多自己的想法，他们不愿意仅成为一个信息的“接收者”，而是希望成为信息的“参与者”，他们总是不断地质疑父母的建议，不断地提出问题，提出自己的观点和看法。我只能在和她的日常交流中，一点一滴地渗透安全思想，在这个过程中，她的一些疑问和想法也给予了我很多启发。

本书对话大多发生在女儿 10～15 岁时，这正是孩子好奇心最强、成长速度最快的阶段，同时也是最危险的时期。孩子的力量、智慧快速增长，渴望走出家门，结交新朋友、认识新世界。在她完全进入社会之前，我希望她知道面对不同场景时如何保护自己，于是衍生出 24 课的内容。

每课以一个主题为中心，以真实的案例为前言，回答孩子的一个个问题，以此有序推进，尽可能用朴实的语言说明各种安全问题和自我保护措施，以简明、生动、形象的表述和具体实用的案例，让孩子在充满趣味的阅读中得到有益的启迪和警示，学到必要的生活常识和自我保护方法。每课后面有一个简单小结，能够让孩子快速掌握这个主题的安全注意事项。

本书从安全的含义和安全金字塔开始，到游泳、踩踏、消防、网络、手机、家庭、校园、防霸凌、旅行、交通、自然灾害、游乐场、商场、食品、毒品、社交、心理、卫生防疫、自我保护、急救知识和生命的意义，都进行了阐述。读者可以从本书中获得较为丰富、全面的安全信息，以适应当今快节奏的生活。

本书适合10岁以上的孩子自行阅读，同时也适合父母的自我阅读，希望本书能够为那些关心孩子、对孩子负责任的家庭提供一些帮助，协助他们给予孩子安全保障，了解如何从爱和关心的角度出发与孩子沟通并对孩子进行安全教育，提升孩子的安全意识并避免意外伤害。由于安全涉及生活的方方面面以及各行各业，本书难免存在一些失误和不足，恳请各位读者批评指正。

在本书的写作过程中，家人一直是我坚强的后盾，非常支持我的写作。感谢我的女儿岳原，她也是本书实际的创作者，并在繁忙的学业中创作了书中所有的插图。感谢我的同学张秀玲女士，她给予了我大力的支持和鼓励，并帮助审核了所有章节。感谢你们！

愿这个世界永无黑手，孩子不再受伤害！

原文娟

2024年10月

目录

第1课

为什么要安全?

安全是 1，其他是 0

对于任何一个国家和民族而言，孩子都是饱含希望的未来；对于任何一个家庭来说，孩子都是幸福生活的源泉。作为父母，我们对孩子的发展有无数憧憬，望子成龙、望女成凤，希望孩子未来能够成为画家、钢琴家、医生、教师……而在所有的梦想之前，父母最在乎的并不是孩子的成功，而是他们的健康和安全。

然而现实中孩子生活的环境存在各种隐患，既有自然环境带来的，也有人为因素造成的。在全世界，每年因意外事故导致孩子伤亡的事件屡有发生，几乎每隔一段时间就能听到儿童遭受意外伤害的消息。

比如，某新闻报道，一个大型商场里，年轻的爸爸抱着两个 2～3 岁的儿童从楼上栏杆往下张望，小孩子顽皮，互相打闹，爸爸失手，两个孩子先后跌下栏杆，当场死亡，父母悲痛欲绝。

又如，一个同学看了某电视剧，想学里面主人公从天而降的本事，就拿着伞从自家的阳台上往下“飞”，结果摔在地上造成骨折。医生说，万幸楼层不算太高，否则有生命危险。

再如，公园里供人观赏的水池边设有“禁止下水”的标牌，三个同学却视而不见，放学后因天气炎热偷偷溜进去游泳，结果不幸全部溺亡。

这样的儿童意外伤害案例数不胜数，消息传来时人们不胜唏嘘，过段时间却又渐渐淡忘，花骨朵儿还未开放就已凋零，令人十分痛心。特别是“2+1 结构”的家庭，即爸爸、妈妈和一个孩子，一旦孩子不幸离世，对于整个家庭而言是灭顶之灾。安全就像一串数字最前面的那个 1，金钱、事业、成功这些都是后面的 0，只有在安全的前提下，其他的才有价值，如果安全变成 0，那么后面所有数字都将失去意义。可以说，安全是孩子人生幸福的基石，没有安全就没有一切。

儿童意外伤害

儿童伤害是全球重要的公共安全问题，根据全球儿童安全组织的研究报告，我国每年约 20 万 0～14 岁儿童因意外伤害死亡，占儿童死亡总数的 26.1%，我国儿童意外伤害死亡率是美国的 2.5 倍、韩国的 1.5 倍。

在 2018 年《中国青少年儿童伤害现状回顾报告》显示，全球每天有 2000 多名儿童死于非故意或故意伤害，有数以千计的受伤儿童就医，而且往往会留下终身残疾。在我国，每年有超过 54000 名儿童死于意外，平均每天约 148 人。因此，开展青少年儿童伤害预防控制工作刻不容缓。

孩子需要成为预防伤害的主体，他们应该学会必要的安全知识，远离伤害以避免发生意外事故。要做到这一点，需要培养孩子的安全意识，提升他们自我保护的能力。自我保护是每个孩子必须学会的基本生存之道，作为父母和老师，要教育孩子学会自我保护。实际上也完全可以做到这一点！

我也是孩子的妈妈，作为一名安全博士、专业的安全咨询顾问，对女儿的安全非常上心。因为我深知生活表面上看似宁静祥和，背后却潜伏着各种风险旋涡，像小白兔一样在全家人无微不至的关心下无忧无虑长大的孩子，很容易失去对风险的戒心和警惕，从而陷入各种危险的境地。提高社会的整体安全水平是一个漫长的过程。而现今作为孩子的父母，我们到底应该如何进行安全教育，提高孩子的安全意识，创造一个更加安全的明天？这是一个值得深思的问题。

我女儿岳原在北京的一所中学读书，这个年龄的孩子兴趣广泛，对世界充满好奇，遇到问题喜欢刨根问底。这一代的父母不能像我们的父母那样，板起脸来教育孩子，而是要努力去了解他们的想法，做孩子的朋友，和他们谈心，用他们可以理解和接受的方法进行安全教育。

岳原的学习能力很强，尤其喜欢历史，还立志将来要成为考古学家。她对生活的方方面面都有浓厚的兴趣，经常和我讨论社会上的一些热点新闻，虽然年龄不大，但总能提出自己独到的见解。我对她的安全教育不是正襟危坐给她上课，而是在和她的日常交流中一点点渗透。

安全的含义

不久前的一天，早上起床后，我顺路送岳原上学，一路上和她漫无边际地闲聊。岳原突然提出一个问题：“妈妈，您说您是搞安全的，那么，到底什么是安全？”我说：“你提了一个很有意思的问题，我们可以深入地聊一聊安全这个话题。”

安全这个概念自古有之，《周易》中讲“无危则安，无损则全”，意思是为人处世没有危险的话，就是安全的；没有缺损的话，就是完整的，这就是安全的最早起源。所谓安全，就是不受威胁、没有危险，保持人或事物完好无损的状态。生活中，每个人对安全的理解不一样，对我来说，你每天开开心心去上学，晚上平平安安回家，这就是安全。对社会、企业来说，不出事故就是安全。

岳原："那我们能做到安全吗？《周易》中就有安全的概念，难道古人也讲安全？"

世上没有绝对的安全，我们讲的安全都是相对安全。绝对安全是一种理想的状态，即在任何情况下都不出意外事故，这不可能实现。因为现实生活中存在着各种各样的险情，这些险情都可能引发事故。无论我们是在工地、公路、学校、商场，还是坐在舒适的家中，都有可能遭遇事故，都能见到事故的魔影；矿难、空难、海难、车祸、地震、洪水、大风、异常天气，都可能打破人们宁静祥和的生活，无情地给人们带来不可承受的损失和伤痛。

所以，我们通常讲的安全都是相对安全。这个世界上没有绝对的安全，因为现实不能让人轻松，既有自然界的因素，也有人为的因素。不出事故，诸事皆好；一出事故，一切可能都会截然不同。

自古以来，和谐发展、国泰民安就是人类社会发展的终极追求。安全意识作为文明社会以人为本、尊重生命的重要体现，不仅是我们现代人所有，在古代的人文精神中也有所体现。孔夫子说过：君子不立于危墙之下。这里的"危墙"，我们可以理解为潜在的安全隐患，即贤明的人要察觉可能会发生的危险，及时采取措施以规避意外事故。这是孔夫子教导弟子的为人处世之道，大概也是最早的安全风险思想。关于这一点，孟子也有类似论述：知命者不立乎岩墙之下（《孟子·尽心》），意思大同小异。

「培养孩子的安全意识」

岳原说："孔夫子的这句话我听说过，从安全这个角度来解释很有意思。每次出门时，爸爸妈妈还有学校的老师都是千叮咛万嘱咐，让我们'注意安全'，有的是循循善诱地指导我们安全注意事项，有的是声色俱厉地宣布安全纪律，不管用什么方法，其实都是为了我们不要出意外事故，做到'相对安全'。"

你说得对，确实是这样。因为你们是未成年人，抵御意外伤害的能力比成年人更低。爸爸妈妈和老师的人生经验比你们丰富许多，很多意外事故可怕的"结果"，有的是我们听到的，有的是我们的亲身经历。所以，只要你们离开家或学校到外面一个相对开放的环境，我们就会担心自己的宝贝会不会受到意外伤害，本能地在脑海中警铃大作，把"小心，要注意安全"当作座右铭一样送给你们，就是希望你们不要出意外事故。

据 2015 年中脉青少年守护行动专项基金的报告显示：全球每年约有 83 万名儿童死于非故意伤害，每天将近 2300 名。在中国，每年因意外伤害而死亡的儿童超过 20 万，平均每天有 540 多个儿童因为意外伤害而死亡。儿童安全事故多不仅威胁儿童生命安全和家庭和谐，而且已经成为一个社会大众关注的热点问题之一。儿童的意外伤害率远高于成人，这是因为儿童好奇心强、识别危险能力差、自我保护意识弱，这种情况怎能不让父母和老师忧心忡忡。

安全金字塔

岳原："每年有这么多孩子因为意外伤害失去生命，真是太可怕了。为什么儿童的伤害率这么高，有没有办法能够让儿童避免这些意外伤害呢？"

现今的儿童伤害率居高不下有多种原因：首先，整个社会的安全意识相对淡薄，缺乏安全的警觉性；其次，学校和家庭重视课本学习，而忽视安全教育，没有对孩子进行系统性的安全知识灌输。此外，一些游乐场所的安全设施陈旧，应该淘汰，但商家为了节约开支仍在继续使用，存在较大的安全隐患，易导致孩子在游玩过程中发生意外。

其实儿童的意外伤害是完全可以预防的。虽然意外伤害是突发事件，但还是有它发生的原因和发展的规律的，应通过采取适当的防范措施，社会、学校、家长和孩子的共同参与，来预防儿童伤害的发生。同时，预防要从娃娃抓起，教会孩子应对危险的技能和躲避危险的能力，更好地进行自我保护。

在安全界，有一个著名的法则叫“安全金字塔”，是由美国人海因里希提出的，这个法则指出：在 1 起死亡事故背后，有 29 起受伤事故、300 起未遂事故（无伤害虚惊事故），以及 3000 个事故隐患，海因里希法则的比例通常表示为 1∶29∶300。

这个法则对安全管理产生了深远的影响，它强调如果希望预防死亡和重伤事故，就要重视每一起轻伤或无伤害事故，及时消除不安全因素，防止事故发生连锁反应，从而避免重大事故的发生。同时告知人们，要预防事故必须养成良好的行为习惯，遵守各项安全规则。

举个简单的例子，我们每天上班、上学都要过马路，有些行人过马路时明明看到红灯已经亮了，但为了抢时间仍然不管不顾地往对面冲，这时马路上横向疾驰过来一辆汽车，直接撞上行人发生车祸，导致行人重伤甚至死亡。

发生这种事情的背后，一般来说这个人不遵守交通规则横穿马路已经发生过很多次，而每次都毫发无损地到了马路对面，可能他还会因此沾沾自喜：看，没什么大不了。就是这种侥幸心理让他更加无所顾忌地横穿马路，一次、两次……直到最终发生车祸。

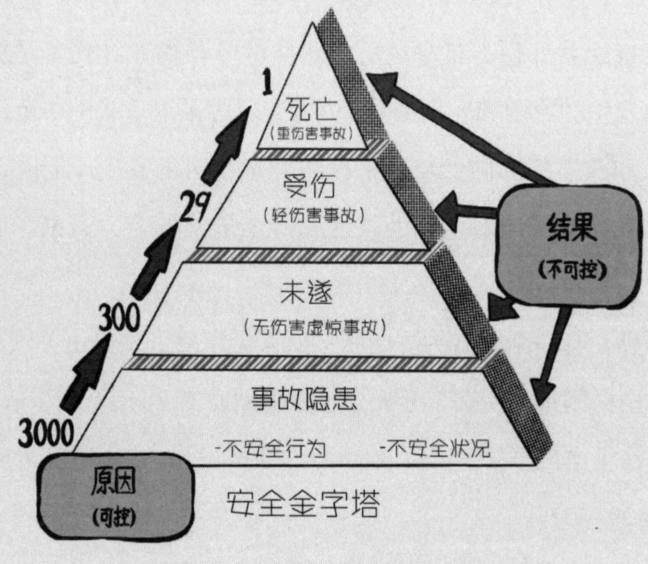
1
死亡
（重伤害事故）
29
受伤
（轻伤害事故）
300
未遂
（无伤害虚惊事故）
3000
事故隐患
-不安全行为
-不安全状况
结果
（不可控）
原因
（可控）
安全金字塔

「 安全金字塔法则 」

"安全金字塔"法则告诉我们，意外事故的发生看似偶然，但是如果不遵守安全规则的行为做得多了，发生事故就是一种必然。有一个关于安全的不等式：100-1 ≠ 99,100-1=0。因为1%的错误可能导致100%的失败，任何侥幸心理都可能带来令人悔恨终生的结果。我们要想安全，首先要做到的就是减少不安全行为，遵守安全规则。

在这个过程中，父母要成为安全的榜样，而不是给孩子错误的示范。父母是孩子的第一任老师。很难想象不遵守交通规则、乱穿马路、没有安全意识的父母，他们的孩子会遵守安全规则，掌握相应的安全知识。俗话说，有样学样。家长希望孩子成为一个具有安全意识、遵守安全规则的人，首先自己应该以身作则，成为安全模范。

遵守安全规定

你还记得吗？那年夏天，咱们参加亲子团出去旅游，回程的时候，由于飞机座位满员，苗苗妈和孩子座位没挨在一起，中间隔了几排。飞机已经开始滑行，摇摇晃晃即将起飞之时，苗苗妈忽然想起来飞机舱内温度低，手里的衣服忘记给孩子。于是她解开安全带，从座位上站起来，扶着过道的座椅，一步一步走到苗苗身边，这时飞机已经在上升过程中，有些颠簸，苗苗妈回去时差点儿摔倒。

这种行为在飞机上是明令禁止的，飞机起飞和降落是飞行最危险的时候，遇上严重的气流颠簸，上下旋动的强烈湍流会将没系安全带的旅客抛向舱顶，再摔到座位或地板上，其危险性可想而知。这个时候苗苗妈应按要求系好安全带，坐在座位上，等飞机平稳后再走动。

岳原："苗苗妈的做法，一方面把自己置于一个非常危险的境地，可能会在飞机颠簸时摔伤；另一方面也给苗苗做了一个错误示范，就是飞机的安全要求是可以不遵守的。苗苗在这种教育方式下成长，不利于她的安全意识和习惯的养成。"

你说得非常好。父母开始儿童安全教育的第一课，就是从自己做起，遵守安全要求，成为孩子学习的榜样。安全规定是以生命为代价换来的教训，一定要遵守。苗苗妈的这个例子，可能有人会反驳，"我坐了很多次飞机，气流颠簸时经常有人走动，航空公司有点小题大做了"。其实不然，要知道世界上的安全规则都是以血的教训换来的。

比如，1998 年英国北海的阿尔法平台发生爆炸事故，共造成 167 人遇难，大火震惊了国际石油界。事故发生后，英国政府以阿尔法平台事故为鉴，制定了各项安全制度和规定，经过 20 多年的改进，直接催生了世界级的安全健康和环境体系，促进了安全管理的发展。

可以说，现阶段的每一条安全规定背后都发生过事故、付出过血的代价，任何一个安全规则制定的初衷，都是为了尽可能地保证安全，希望我们以此为戒，不要重蹈覆辙。

请牢记，每一个给孩子的教导，都需要成年人的身体力行来佐证。没有一个站台可以随便攀爬，也没有一条安全规则可以随意破坏。从过马路开始，从生活的点点滴滴开始，以自己的行为告诉孩子遵守安全规则的重要性，这才是父母对孩子最重要的安全教育。

岳原："世界上的一些发达国家，为什么它们儿童的意外伤害率比我们国家低？有哪些我们可以借鉴的经验？"

儿童伤害率高有很多影响因素，由于孩子身形矮小，同时对危险没有足够的认知，客观上缺乏识别和抵抗外界侵害的力量，人身安全常常出现危机，需要随着社会进步不断提高对儿童的保护。

在这个过程中，特别是在孩子的安全教育方面，我们可以汲取一些国外的实践经验。一些发达国家非常重视孩子的安全教育，制定了《安全教育指导计划》，其对象涵盖从幼儿园、小学、初中、高中、特殊教育学校的所有儿童及青少年。孩子自进入幼儿园起就开始学习各种安全知识，譬如，生活中不走行人稀少偏僻的道路、对陌生人保持警惕；不能一个人乘电梯等。学校还会不定期组织孩子进行各种各样的避难训练。这些安全知识到了关键时刻能起到非常重要的作用。

目前，我国对儿童的安全教育越来越重视，社会各界正在积极建言，把安全知识的普及纳入义务教育的必修课程。在孩子成长过程中，安全的责任要逐步从成年人手中转交给孩子，父母再细心也无法预知孩子可能面临的危险，更无法随时现身帮助他们避开灾难。因此，希望通过全社会的共同努力，关注孩子的健康成长，在他们心里早早地种下一颗安全的“种子”。

岳原：“是啊，我们要逐渐为自己的安全负责，但是需要知道注意哪些安全事项，才能更好地保护自己。”

随着不断交流，我们已经走到了岳原的学校门口。我说：“谈话就到这里吧，等你放学回家，咱们继续探讨有关安全的话题，现在你该进校了，祝你在学校里度过安全快乐的一天。再见！”

第1课　小结

（1）安全是一切的基石，安全就像一串数字最前面的那个1，金钱、事业、成功这些都是后面的0，只有在安全的前提下，其他才有价值。

（2）自我保护是每个孩子必须学会的基本生存之道，也完全可以做到，学会必要的安全知识，远离伤害以避免发生意外事故。

（3）因为各种危险因素的存在，安全都是相对的，没有绝对的安全。既有自然界的因素，也有人为的因素，它们都可能引发事故。

（4）安全金字塔法则：死亡重伤、轻伤和无伤害虚惊事故的数字比为1:29:300，在每一起死亡重伤背后，都有大量的不安全行为存在。

（5）任何一个安全规则制定的初衷，它们都是尽可能地保证安全。安全规定是以生命为代价换来的教训，一定要遵守。

（6）要教育孩子注意安全，父母得首先成为榜样，以自己的行为告诉孩子遵守安全规则的重要性，这才是父母对孩子最重要的安全教育。

（7）在孩子成长过程中，安全的责任要逐步从成年人的手中转交给孩子，要在他们心里早早地种下一颗安全的“种子”。

（8）安全教育进课堂，教导孩子必要的安全知识，让孩子健康安全地成长。

第2课 防溺水安全“锦囊”

水淹无情，溺水无声

夏天的一个周末，小文、大洪和班上几名同学相约一起去水坝附近游玩。时值天气酷热，小文和大洪玩得汗流浃背，当看见波光荡漾的水面时，两人心痒难耐，决定脱掉衣服下水游泳。其他同学劝说他俩这里不是游泳的地方，贸然下水会有危险，但两人仗着自己身体素质好，又熟悉水性，不听劝阻直接跳进水里玩了起来。

两人在水里游了一小时，小文觉得体力不支，提议上岸休息一下，大洪还未尽兴，说自己还想再游一会儿，于是小文一人返身上岸。小文刚上岸没多久，就听见水中传来“救命”的喊叫声，只见大洪露出惊恐的表情，一边呼喊一边在水面上下挣扎，小文急忙跳下去抓住大洪，没想到力气不够直接被他拉下水。

其他几名同学赶紧打电话报警，但还没等警察赶到，小文和大洪已经从水面上消失了。消防员和水库救援人员出动救生艇搜救，几小时后大洪和小文被捞上岸，但遗憾的是两人已无生命迹象，大洪的脚上缠绕着水草。

如今，溺水已经成为中小学生发生意外的“头号杀手”，在所有儿童意外伤害死因中所占的比重最大，近年来持续保持在50%以上。随着夏天的到来，天气越来越炎热，此类事故不断出现，已经进入危险期、易发期、高发期。溺水事故的发生给无数家庭造成了巨大的精神伤害以及无法弥补的损失，让家长们无比痛心，因此人们应提高警惕，重视孩子的防溺水安全教育。

游泳溺水的悲剧

岳原从学校回来，说了一件令人悲伤的事情。同班的一名男同学暑假去外面游泳，不小心溺水而亡，他的父母就这一个孩子，一家人悲痛欲绝。今天他爸爸来学校办手续，看到活蹦乱跳的同学们伤心得不能自已，在教室门口放声大哭，后悔为什么没看好孩子。

岳原：“妈妈，这个同学成绩很好，为人也很热情，听到这个噩耗后同学们都哭了，那个爱说、爱笑、爱开玩笑的男孩儿，永远不能回来跟我们一起上学了。他的桌椅空荡荡地放在那儿，每次从他座位旁边经过，我都感到一阵阵心痛，他的爸爸妈妈该多难过啊。”

发生这种事情是对父母巨大的打击，永远都是精神的重创，没有办法恢复。我也是孩子的妈妈，能感受到他父母那种撕心裂肺的痛苦。

发生这种事情只能说“意外难料”，我们在关注孩子成绩的同时，一定要给予孩子有效的安全教育，预防事故的发生。

「 游泳中的意外情况 」

岳原："这个同学明明会游泳，竟然也会溺水死亡，太让人意外了。"

并不是会游泳就不会出事，有一句经典的话：善骑者坠于马，善水者溺于水。因为如果你不会游泳，通常情况下就不会或者不敢下水，即便禁不住诱惑下水，也会戴上救生圈，并且轻易不敢去深水区，那么发生意外的概率就大大降低了。相反，那些对自己的游泳能力很自信的人，却常常因为"逞能"而丢了性命。

《2022中国青少年防溺水大数据报告》显示，我国每年约有5.9万人死于溺水，其中未成年人占95%以上。青少年溺水问题是一个不容忽视的安全隐患，家长需要高度重视孩子游泳的安全教育。

孩子发生溺水的可能性高，一方面是因为他们喜欢探索未知领域，但是由于技能和生活经验有所欠缺，难以准确预估水域的状况，导致发生危险的概率高；另一方面是因为当与家人亲友做伴以及处于相对放松的环境中时，容易降低自身对危险的警惕性，导致孩子更容易发生溺水事故。

岳原："那您说，我们怎么才能预防溺水呢？是不是永远不碰水最好，或者说就不能去游泳？"

不能因噎废食，游泳是一项非常好的健身运动，可以锻炼身体各个部位的肌肉，强化心血管功能，提高身体的抵抗力。而且，会游泳在遇到水中的危险时既可以保护自己，也可以救助他人。

在一些国家（如日本），游泳是中小学生的体育必修课，小学毕业时必须学会一种以上泳姿。很多孩子从一出生就开始接触水，亲子游泳班非常受欢迎，幼儿阶段跟随家长学会游泳是很普遍的事情。

日本是一个灾难多发的国家，因此特别注重对孩子灾害预防方面的教育。如果夏天到日本旅游，看到日本的学生们，你可能会感到很奇怪，为什么他们这么黑？那是因为在日本，一到夏天老师就领着学生们在室外游泳池上游泳课，他们都被晒得黑乎乎的。

所以，无论是从锻炼身体的角度，还是从预防灾害的角度来看，游泳对孩子们都是非常有益的，前提是做好防溺水的安全教育和准备。

游泳安全锦囊

岳原："那么，游泳有没有安全锦囊？我非常喜欢游泳，在炎热的夏天跳进水里，是一件多么惬意的事情！特别是在海边，有海浪来的时候，随着浪花起舞，畅游于碧波之中，感觉自己特别幸福。妈妈，快告诉我游泳的安全注意事项，我以后还想去游泳。"

游泳前要了解自己的身体情况，若有心脏病、高血压、传染病、癫痫、皮肤病、眼疾等，则不宜游泳，应先养好身体再考虑下水。如果皮肤起疹子或发炎过敏，也不要在池中游泳，因为那样可能会让疾病更加严重。肚子饿了、吃得太饱，或者情绪很激动的时候，都要尽量避免下水。

游泳前不热身很容易抽筋。因此，游泳前要做必要的准备活动，按摩易发生抽筋的部位，用冷水淋浴或用冷水拍打身体及四肢，使身体适应低温环境。如果游泳前进行过大量的运动，应休息一下并补充能量后再下水。此外，游泳时间不宜过长，因为游泳时体力消耗较大，游太长时间容易发生危险。

夏天在室外游泳时，应避开中午时段，以免强烈的紫外线照射晒伤皮肤。特别是在海边游泳时一定要注意防晒，这不是黑不黑、美不美的问题，而是不防晒可能会患上日光炎，严重的甚至会导致皮肤癌。孩子的肌肤比较娇嫩，因此更需要做好防晒。

今年夏天，同事带 11 岁的儿子浩浩去海边玩，浩浩在水里待了 2 个多小时，双手扶在救生圈上，玩得很愉快，并未觉得有明显不适。晚上回到家后，浩浩双手出现了红斑，慢慢长出了小水疱，还有灼热、刺痛感。同事在家给他用了烫伤膏，但没有明显缓解，于是赶紧带孩子去医院就诊。医生诊断，浩浩属于大面积浅二度晒伤，并对晒伤部位做了紧急处理。

医生说，浩浩的晒伤是没有采取正确的防晒措施导致的。在海边玩时，家长以为海里温度低就没注意防晒，结果浩浩扶在救生圈上的双手被大面积晒伤。所以医生建议，带孩子在外面游泳，无论是晴天还是阴天，都需要做好防晒。

岳原："原来室外游泳防晒这么重要，我以后一定要做好防晒措施。在准备去游泳时，水库、深水区以及有禁止游泳标志的区域，是不是都不能游泳？"

说得非常好，一定要选择安全的地方游泳。无论自我感觉水性有多好，都不要在陌生水域下水游泳，因为游泳池里的水都不是很深，两三米就算深水区了，而且周围有教练或救生员，但陌生水域以及开放性水域就不一定了，有的水库水深足足有 60 米，水底还会有水草之类的，甚至还有暗流、旋涡等。

水温对游泳的安全也很重要。游泳池里的水都是恒温的，温差不会很大，开放性水域的水则不同，水温会随着季节、区域、水的深浅等因素变化，容易诱发抽筋等意外情况。

游泳池的面积相对较小，水面还划分了赛道，对游泳的人能起到一定的指引作用，而开放性水域的面积通常比较大，有时候太专注于游泳，一不小心游出好几百米，等发现体力不支想游回来时已经晚了。

这些情况都可能导致意外发生。生命只有一次，永远不要心存侥幸，孩子一定要在父母的带领和看管下，去安全有保障的正规游泳场所游泳。

岳原："好的，不去陌生水域游泳，只选择正规的游泳场所。但是就算这种情况也可能发生溺水事故，电视新闻上经常有这方面的报道，这说明无论在哪儿游泳都不是绝对安全的。对于我们而言，游泳还需要特别注意哪些问题呢？"

要记住游泳安全的四条警示：第一，不去陌生的水域游泳；第二，没有大人陪同不去游泳；第三，不擅自与同学结伴去游泳；第四，未经老师和家长同意不去游泳。这四条是未成年人安全游泳的前提。

同学们约着一起去游泳会比和家长一起游泳更开心。但是要注意，伙伴们在游泳时要相互关照、相互关心，不要相互嬉水或捉弄对方。一起去游泳时，如果有人提前上岸，一定要告诉同伴，一起去游泳必须一起回家。

到天然游泳场所如江河、水塘、水库等地游泳，必须有家长、亲人或老师的陪同，游泳技术不熟练的孩子尽量不到野外游泳，游泳时旁边要有成年人看护。

游泳过程中应注意休息，不要长距离游泳，不要远离伙伴，如果感到身体不适，要告诉同伴并上岸休息，在岸上观看同伴游泳时应留心他们的安全。孩子最好不游潜泳，更不能相互攀比谁潜水的时间更长、谁潜水的距离更远，这样做很容易发生危险。

溺水无声

岳原："如果我们遇到溺水怎么办呢？这时候我可能会非常害怕，拼命挣扎并大声呼救。"

要保持镇静，不要大喊大叫或拼命挣扎，这样做只会让自己的身体下沉得更快，还会呛水，将自己置于更加危险的境地。应观察周围是否有木板、塑料板等漂浮物，如果有，尽量抓牢，同时呼救、等待救援。

屏住呼吸，全身放松，去除身上的重物，不要惧怕下沉，因为水有浮力，通常人下沉到一定程度时会自然上浮，此时头要后仰，露出口鼻，一旦口鼻露出水面，立即大口呼吸并大声呼救。

如果在水中发生抽筋，可以深吸一口气潜入水中，抓住抽筋的脚趾向反方向掰，即可缓解。游泳时不仅自己注意溺水风险，也要注意观察同伴的情况，如果发现伙伴有溺水现象，要赶紧呼救。

岳原："我们怎么才能发现伙伴有溺水现象呢？他们会在水里上下翻腾，还是会大声喊救命？"

很多人关于溺水都存在误区，认为溺水的人会呼救，会挥手大喊，会使劲扑腾，总之，会发出求救信号，吸引周围人的注意。实际上，溺水无声，特别是孩子！溺水时，他们不会使劲扑腾，也不会挥手，更不会向大人呼救。

很多溺水者根本来不及呼救，甚至"安静"地站在水里。人在溺水的时候会本能地先保护呼吸系统，其他身体部位都是次要的，所以不可能用说话或者泼水来引起别人的注意。

处于溺水状态的孩子跟平时相比并没有什么异常。他们会呈站立姿势，头微微仰着，双手在水里划动，就像在潜水玩一样，就算身边有人看到，可能也不会意识到孩子已经溺水了！

孩子溺水时通常眼睛睁着，嘴巴半闭，身体垂直，上下漂浮。最主要的是，身体都是垂直的。如果真的躺在水面上，大家早就知道大事不妙了，但这时候很可能已经晚了。如果发现本来闹腾的孩子忽然安静了下来，就要特别警惕。有时看起来不像溺水，只是在发呆，但如果对询问没有反应，也需要立即伸出援手。

岳原："发现水中的伙伴有溺水现象，应该怎么办呢？我能不能游过去救他？"

未成年人看见同伴落水，一定要量力而行，切不可盲目救人或手拉手救人，以免发生群死群伤的悲剧。遇到有人溺水时，不要慌乱，第一时间要大声呼叫，同时拨打 110 报警，如果有多个同伴在一起，要派出一个人去寻求大人帮助。

溺水者的黄金营救时间只有 30 秒，这时候的快速反应非常重要，首先要尽快让孩子脱离水面，如果是在浴缸、泳池或水上乐园等比较浅的水中溺水，应立即把孩子从水中捞出来。如果是在池塘、湖泊等较深的水域，应在岸上把周围任何可以使用的漂浮物，如救生圈、绳子或者长杆等，递给或抛给孩子，拉他上岸；或者由会游泳的大人进入水中救援，从被救者后方靠近，从后面或侧面托住其腋窝或下巴，或者一只手从他的腋窝穿过抱住胸部，保证孩子的脸露出水面，将其救上岸。

岳原：“等我长大以后，我要参加急救培训，学习如何给溺水的人进行急救，关键时候可以救人一命。”

溺水急救，时间就是生命。5 分钟内及时进行有效救治，生还概率高达 50% 以上；5 分钟后，死亡概率直线上升。掌握一定的溺水急救常识可以给溺水儿童争取更多的存活希望。

溺水者能否存活主要取决于两个因素：溺水者是否可以迅速离开水面，以及是否得到了适当的复苏救援。大多数溺水幸存者都是在现场得到了及时的施救，如现场接受心肺复苏。如果未得到及时的救护，即便后续采用先进的生命支持手段，溺水者的生命也很难被挽救。参加专业的急救训练，当发现有人溺水时能够及时提供帮助，善莫大焉。

岳原：“出事同学的爸爸非常痛苦，自责为什么没能及时发现孩子溺水，如果时光能够倒流，他一定会紧盯着孩子，不让这种事情发生。”

可惜时光无法倒流，意外事故一旦发生就是灾难。已经发生过多起父母带孩子去海边游玩，只顾自己玩手机，未能及时发现孩子已经溺水的事件。

一个妈妈带着一对双胞胎女儿去海滩玩，只是拿手机发了个朋友圈的工夫，就找不到两个女儿了，等找到时两个孩子已溺亡。整场意外发生得太突然，这个妈妈很久都没有回过神儿来。她想不通为什么只是低头看了一眼手机，而抬头的时候，孩子就死在了自己面前？再悲痛欲绝的呼喊也无法唤醒沉睡的孩子。

「 遇到危险及时向人求助 」

很多大人以为可以做到两不误：一边照顾孩子，一边玩手机。其实，绝大多数的危险往往发生在一瞬间，坠楼、车祸、溺水等危险发生时根本来不及呼救，又何谈兼顾呢？如果说世界在偷偷惩罚不陪孩子的父母，那么，这些频频发生的意外就是告诉我们，世界在明目张胆地惩罚痴迷手机的父母。没有什么比带孩子的时候玩手机更危险的事情了，切莫等到孩子发生意外，才悔不当初。

所以，玩手机不带娃，带娃不玩手机。带孩子去游泳一定要盯紧孩子，时刻关注孩子的动态，发现有溺水现象要及时施救。

岳原："虽然有一定的风险，但我以后还是会去游泳的，我会注意游泳安全，时刻小心防范溺水风险。"

同学的悲剧给岳原上了一堂防溺水安全课。很多时候意外来得太突然，作为家长我们必须提高警惕，提前做好各项意外事故的预防！安全无小事，责任大于天。

第2课 小结

（1）溺水已经成为中小学生发生意外的“头号杀手”，在所有儿童意外伤害死因中所占的比重最大，近年来持续保持在50%以上。

（2）无论是从锻炼身体的角度，还是从预防灾害的角度来看，游泳对孩子们都是非常有益的，前提是做好防溺水的安全教育和准备。

（3）游泳前要热身，并做必要的准备工作，如果进行过大量的运动，应休息一下恢复体力再下水，并且游泳时间不宜过长。

（4）孩子的皮肤娇嫩，容易被晒伤，带孩子在外面游泳时无论是晴天还是阴天，都需要做好防晒。

（5）安全游泳四条警示：不去陌生的水域游泳；没有大人陪同不去游泳；不擅自与同学结伴去游泳；未经老师和家长同意不去游泳。

（6）溺水无声，很多溺水者根本来不及呼救，甚至“安静”地站在水里。当本来闹腾的孩子忽然安静下来时就要特别警醒。

（7）未成年人看见同伴落水，一定要量力而行，切不可盲目救人或手拉手救人，以免发生群死群伤的悲剧，应及时向成年人呼救。

（8）溺水者能否存活主要取决于两个因素：溺水者是否可以迅速离开水面，以及是否得到了适当的复苏救援。

（9）玩手机不带娃，带娃不玩手机。带孩子去游泳一定要盯紧孩子，时刻关注孩子的动态，发现有溺水现象要及时施救。

第3课

梨泰院事故带给世界的警示

避免伤害，远离踩踏

2022年10月29日晚，在韩国首尔市区最繁华的地段梨泰院，158名年轻人无辜丧生，既没有恐惧袭击，也没有发生战争，和平年代的闹市区这么多的人员伤亡，实在令人难以置信，这一切究竟是怎么发生的呢？

梨泰院是首尔最热门的夜生活区之一，那里遍布时尚酒吧和餐厅，韩国年轻人和外国游客喜欢夜晚来此游玩，一条街上人群熙熙攘攘，火树银花。万圣节将至，梨泰院一些酒吧在29日晚举行派对，这是新冠疫情以来第一个没有任何限令的万圣节，因而吸引了数万人前往，大批人员聚集在梨泰院世界美食街旁，一个不足4米宽的陡坡窄巷中。

当晚10点过后，人群往不同方向推挤，有人跌倒，后方连续推挤，之后人群就像多米诺骨牌效应般倒下，人群中前方倒地的人瞬间被后面的人流压住，继续前进的人就像叠罗汉一样摞在一起。数千人被困在狭窄封闭的下坡路上，当时大约有300人在这个只有18平方米的斜坡空间里叠了6～7层，很多人在挤压中开始感到呼吸困难。

由于现场人群拥挤，梨泰院附近交通瘫痪，导致警力和救援人员无法在第一时间到达现场。当警方赶到，人群被疏散，被压的伤者被救出，但不幸的是很多人已经失去生命体征，遇难者大多是20岁左右的年轻人，是一些还没真正体验过人生的年轻人。

因突发踩踏事故，梨泰院刹那间沦为“人间地狱”，与万圣节前的狂欢气氛形成鲜明对比。梨泰院惨案的发生震惊全球，不仅给韩国敲响了警钟，也给全世界敲响了警钟。愿逝者安息，希望这样的悲剧不再发生。

为什么会发生踩踏?

岳原从学校回到家，一看见我就大声地问：“妈妈，你看新闻了吗？韩国发生踩踏事故，有150多人死亡，主要是庆祝万圣节的年轻人，太可怕了。只是聚在一起欢庆节日，为什么会发生这么严重的事故？”

踩踏事故一旦发生，通常就会造成群死群伤，非常可怕。这次韩国梨泰院发生这么严重的人员伤亡事故，主要有三个原因：人流量大、空间狭窄和秩序混乱。

首先，当天梨泰院的人流量过于密集，为事故的发生提供了先决条件。梨泰院是韩国人气最高的万圣节聚会地点之一，有很多酒吧，年轻人很喜欢去。当天晚上，有超过10万人聚集在附近参加万圣节活动。人群密度过大是发生踩踏事故的首要原因。

其次，事故发生的地点是一条窄长斜坡且人流量很大的街道，这成为事故发生的诱因。这条小巷子地势不平，高高低低，共计18平方米左右，相当于一间屋子的大小。事故发生时那里聚集了 300 多人，也就是每平方米有 10 多个人，这个密度是相当惊人的。

据幸存者回忆，当时人贴着人，完全走不动，人流量特别大，已经到了双脚悬空的地步。如果只是人流量大，大家都沿着一个方向前进，一点点移出来，也不会发生这么严重的事故，关键是人群在移动的过程中秩序发生了混乱。

小巷子有一定的坡度，并不是很平稳，有人要进去，有人要出来。人群沿着不同方向行走，在拥挤过程中发生碰撞后有人摔倒，后面的人看不见，层层压上去，现场越来越混乱，越来越多的人向斜坡下端倾倒、踩踏、堆叠，最终导致了这场悲剧的发生。

岳原：“这么严重的踩踏事故是第一次发生吗？还是说只要人群过于密集，都有可能发生踩踏事故？”

人群密集是踩踏事故发生的前提，但不是人群密集就会发生踩踏事故，人流量大、空间狭窄和秩序混乱，这三个因素共同起作用。踩踏事故之所以发生，是因为在整个队伍拥挤移动时，有人意外跌倒后，后面不明真相的人群依然在前行，以致踩到跌倒的人，并产生惊慌、加剧拥挤和造成更多的人跌倒，引发恶性循环，从而造成严重的伤亡。

梨泰院事故并不是第一次，踩踏事故在世界范围内发生过多次。1990 年 7 月 2 日，在沙特麦加附近，大批朝觐者需要通过一条长 500 米、宽 20 米的隧道，前往阿拉法特山参加朝觐仪式。队伍正在前进时，附近有一座桥突然倒塌，导致 7 人摔倒，消息迅速在人群中传开，并引起恐慌，最终导致所有人都撞在一起，造成 1426 人身亡。这是世界范围踩踏事件中人员伤亡最严重的一次。

「人群密集造成呼吸困难」

岳原："1000 多人死亡，太可怕了！这些活动的组织者没有提前做好准备吗？如果及时对人流进行疏散，或者现场设置一些隔离措施，或许就能避免人群之间互相踩踏。"

踩踏事故的发生，最主要的原因就是根本没有预料到会发生这么严重的事件，因而提前没有做好充分的准备，直到事故发生后才追悔莫及。一些节日、球赛之类的大型聚会，一旦有人表现恐慌情绪，就有可能引起人群涌动，造成踩踏。中国历史上发生过一次著名的踩踏事件，造成中国多分裂了近 200 年。公元 383 年，前秦的君主苻坚欲统一全国，率 80 万大军攻伐东晋 8 万兵力，两方交战于淝水之地。

在战争过程中，苻坚草率地下达了退兵命令，混乱从后方开始，几十万大军慢慢后退，加上命令传达不畅，后面的士兵根本不知道发生了什么事，军队就这么崩溃了。史书记载，踩踏致死的士兵"蔽野塞川"，从此淝水之战成为中国历史上著名的以少胜多的战例。其实，苻坚真正败给的不是东晋，而是踩踏事故。

事故后果这么严重，说明了踩踏的可怕。所以，只要人群过度拥挤、地方狭小，出现一些恐慌情绪，就有可能引发踩踏，其中儿童、老年人、女性以及体型瘦弱、矮小的人由于生理原因难以抵抗人群的冲击，更容易在此过程中受到伤害甚至死亡。

踩踏发生的原理

岳原："太恐怖了。虽然人群拥挤，但是如果有人摔倒了，为什么不能自己迅速站起来或者由旁边的人把摔倒的人扶起来呢？任由其他人踩上去，这太残忍了。"

我们只要弄清楚踩踏事件发生的基本原理，你就明白为什么踩踏一旦发生，摔倒的人无法站立甚至拉也拉不起来。刚才我们讲了，踩踏发生的首要原因是人群拥挤，也就是人群的密度比较大，那么多少才算拥挤呢？

研究表明，当每平方米的人数少于2人时，人的活动是自如的；当每平方米超过4人时，就会感到明显的拥挤，比如在电梯或地铁车厢中人较多时，你会产生一定的拥挤感。当人群数量进一步增加，达到每平方米7人时，这时人群就不再是一个个的个体，而是形成了一个整体。

这时处于其中的人没有办法自由行动，而是会随着其他人的行动而行动，人群形成了像水一样波浪式的状况。当密度进一步增加到每平方米10人时，人会感觉到明显的压迫感，长时间处于这种情况就可能因为窒息导致心搏骤停。

在人群密度极高的情况下，一旦有人摔倒，周围的人也会摔倒，就像多米诺骨牌一样摔倒一片，这个空间会迅速被填满。没有了空间，摔倒的人是爬不起来的，只能被压在最下面。除了摔倒的人，站着的人也有可能死亡，因为来自前后方的压迫导致人无法正常呼吸，在这种压迫下，人们很可能因窒息而死亡。在踩踏事件中，最常见的受伤方式除了踩伤就是缺氧窒息。

岳原说："听起来好像有道理，可是，早晚高峰期坐地铁，满满一车厢人，也会出现人群密度极高的情况，也是一样拥挤，却不会轻易发生踩踏啊。"

正如前文所述，人群密度过大是踩踏发生的前提条件，但不是全部条件。在物理学中，有一种成拱现象，意思是人群从宽敞的空间涌向较狭窄的出入口形成拱形的人群，这是造成踩踏的重要原因。在人群运动过程中，因为人流没有得到有效控制，而出口又无法及时疏散造成拥堵，于是人群在出口处形成挤压造成拱形效应，以致所有人都无法通过，只能挤压在一起。

在踩踏中，除了成拱现象，还有“异向群集”和“异质群集”的原因。异向群集是指人群走在道路上，如果道路比较窄，不同方向的人群相遇并产生对抗时出现的群集现象。当人群行进的路线发生交叉，来自不同方向的人群相互冲突、相互阻塞，互不相让，形成对抗，就很容易由于拥挤和踩踏而造成伤亡。

人群中每个个体的行进速度和承受拥挤的能力并不相同。在紧急情况下，人们都希望以最快速度到达自己的目的地，急于超过那些走得太慢阻挡自己行进的人。行进速度明显低于群体平均行进速度的人就成为群体中的“异质”。踩踏事件的伤亡者多为老人、儿童和妇女，就是由于这些人最容易成为群体中的“异质”。此外，人群中某些人由于物品掉落，停下来弯腰拾物也会成为“异质”。

在地铁中，虽然人群非常拥挤，但是每个车厢都有出口，不会有成拱现象，早晚高峰会有地铁人员在出口处疏导，先下后上，避免人流发生交叉。所以，在地铁车厢中虽然人群特别拥挤，但并不会轻易发生踩踏事件。

踩踏发生的地方

岳原：“踩踏太可怕了，如果我不去朝圣，不去现场看足球比赛，也不参加任何大型节日聚会，是不是就能保证我绝对不会遇上踩踏事故？”

不一定。踩踏事故不仅仅发生在这些场所，只要是人群密集，可能形成拱形效应和人流交叉的地方，都可能发生踩踏。比如，你白天待的时间最长的地方——学校，也是踩踏事故发生最频繁的地方。

校园踩踏事故一直频频发生，据统计，在过去10年里，全国严重的踩踏事件就高达近30起，平均每年3起。发生校园踩踏事故的原因是多方面的，每一起校园踩踏事故都有其特殊性，但是这些事故也具有一些共性，学生密度过大是直接原因，在一些外部条件影响下就可能引发踩踏事故。

岳原："学校也会发生踩踏？太让人意外了，如果人群流量大，学校可以设置专门的人员来疏导，就不会发生这样的事情。"

所有发生的校园踩踏事故，都暴露出学校在安全管理方面存在隐患。有的学校对学生上下课的通道没有专门的管理措施，没有专人负责学生人流高峰期的疏散工作；有的学校没有相应的应急预案，也没有进行过踩踏方面的安全应急演练；还有的学校一些学生搞恶作剧，在混乱情况下发布不实消息，人们推搡拥挤，致使惨剧发生。这些隐患积累到一定程度，在外因的作用下就会爆发。

除学校外，空间有限、人群相对集中的地方，如车站、机场、广场、球场、商场等，以及狭窄的街道、室内通道或楼梯、影院、酒吧、航行中的轮船，甚至包括上山下山的通道等，都有可能发生踩踏。所以当看到人多密集的地方时，应提高警惕，及时避开危险。

如何预防踩踏

岳原："也就是说，只要满足人群密度足够大，不同方向的人流有交叉，或是出口狭窄造成堵塞这几个基本前提，在一定的条件下就有可能发生踩踏事故？"

对，是这样的。踩踏事故是公共安全管理中非常重要的课题，在大型集会、商场、广场、游乐场、风景区、山区、学校，包括地铁、公交等人群密集的地方，在一定的触发条件下，都有可能发生踩踏。激动、兴奋、紧张、恐慌、愤怒等情绪不平静的人群，这些都可能成为踩踏事故的发生条件。对此一定要有清醒的认识，对踩踏事故的预防千万不可大意。

预防踩踏事件，大型集会、商场等主办方一定要提前做好应急预案，对人流进行疏导。广场、车站、学校、医院和娱乐场所，这些公共设施的设计和施工要考虑到预防踩踏的因素，比如设置栅栏，对人流量进行分流和限流，给人群进行分块管理，留出缓冲带等，都是有效的办法。

在大数据时代，高科技也能助防范踩踏事故一臂之力。有科技公司推出"电子围栏"的新技术来监测人流量，即在一定区域内设置"围栏"，手机发出的信号"撞"上"围栏"，就会留下记录。在一个时间段内，根据手机信号"撞"过的数据，就可以大致推算有多少人正在这个区域内。如果人流过大，组织方马上采取措施进行限流。

近些年，基于视频监控的人群拥挤防控措施取得了很大进步。比如，沙特阿拉伯政府为圣城麦加引入了一套高科技的踩踏预防体系，监控发现某个区域人群过多，会用颜色示警，有关方面马上采取相应措施。这个体系使每年朝圣人群踩踏事故大幅减少。

岳原："太好了，利用科技的进步来预防踩踏。那么作为个体，我们应该如何自救？可以采取哪些措施避免自己遭遇踩踏，或避免在踩踏事故中受到伤害呢？"

首先是不凑热闹，尽量不去人多的地方。君子不立于危墙之下，最重要的就是不要把自己置于危险的境地，时刻保持对危险的警觉性。去人流密集的地方，应当先观察周围环境，记住出口的位置，提前在大脑中规划撤离方案。

当发觉拥挤的人群向自己行走的方向涌来时，应该立即避到一旁，不要慌乱，不要奔跑，以免摔倒。如果路边有商店、咖啡馆等能暂时躲避的地方，可以马上进去暂避一时，但记住远离店铺的玻璃窗，以免因玻璃破碎而被扎伤。总之，应当避免身处拥挤的人群中，不得已时，尽量走在人流的边缘或尾部。

如果已经陷入拥挤人群之中，应当时刻保持警惕，顺着人流前行，不要试图超过别人，也不要行动缓慢，更不要逆行，避免成为人流中的"异质"，否则很容易被人流推倒。注意避免被绊倒，不要随意下蹲，即便鞋子被踩掉也不要贸然弯腰提鞋或系鞋带；遇到台阶或楼梯时，尽量抓住扶手，防止跌倒。如有可能，抓住坚固牢靠的东西，如路灯柱之类的，待人群过去后，迅速离开现场。

岳原点点头说："我明白了，如果人流量大到活动不自由时，最好迅速离开人群，找一个比较安静且人少的地方。但是如果发现拥挤的人群中有人摔倒了，我应该怎么办？"

当发现自己前面有人突然摔倒了，要马上停下脚步，大声呼救，告知后面的人不要向前靠近，并及时采取保护措施。可由若干人迅速组成保护区或

“人墙”，使跌倒的人能立即站起来，避免踩踏致伤。

如果人群开始拥挤，互相冲撞，这时最重要的是保护好胸部维持呼吸功能。可用两肘撑开平放在胸前，形成一定的空间，以此保护胸部不受挤压。最好抓住一件牢靠的物体，防止跌倒；可以设法靠近墙壁、柱子，双手环抱保护身体最脆弱的部位。当带着孩子遭遇拥挤的人群时，把孩子抱起来，避免其在混乱中被踩伤。

一旦在踩踏现场摔倒，牢记自救“二十四字诀”：紧急侧卧，双手扣颈，护住头部，蜷缩成团，并腿收拢，全身紧绷。当失去平衡，被推倒或被挤压在地，无力抵抗时，应设法将身体蜷成球状，双手护住头颈部，侧卧于地面进行自我保护。千万不要四肢散开做无谓的挣扎。

发生拥挤踩踏事故后，立即拨打 110、120 报警和呼救，积极展开自救、互救，优先救治重伤人员。在踩踏事故中，时间非常宝贵，窒息者如果 5 分钟内没有进行心肺复苏，存活率不到 50%。

岳原：“记住了。人流密度大、拱形效应和慌恐情绪，这些都是踩踏事件发生的重要原因。节假日的时候不去凑热闹，无论是参加活动，还是爬山、逛商场，看到人多时尽快避开。如果已经身处拥挤的人流中，要积极想办法自救。

“我在想，像梨泰院这种踩踏事故，以后还会再次发生吗？它带给世界的警示有哪些？”

历史总是在不断地重复，梨泰院事件让人们意识到踩踏带给人们的严重伤害，再次敲响了公共安全的警钟。举办大型活动以及体育赛事，是很多城市都无法回避的课题。实践证明，事先对活动本身做出准确的预判，以及完备的预案、科学的引导、快速的响应机制，是保障公共安全的重要条件。

「 踩踏时自我防护姿势 」

如今，“劫后”的梨泰院，只剩下狂欢后的一地唏嘘与满目疮痍。我们在哀悼逝者的同时，应该从中吸取教训：只有加强公共安全管理，宣传踩踏事故的预防，防患于未然，才能避免类似事件再次发生。这就是梨泰院事件带给世界的重要警示。

第3课　小结

（1）踩踏事件发生有三个重要原因：人流量大、空间狭窄和秩序混乱。

（2）成拱现象：人群从宽敞的空间涌向较狭窄的出入口形成拱形的人群，这是造成踩踏的重要原因之一。

（3）空间有限、人群又相对集中的场所，如学校、车站、机场、广场、球场、商场等，以及狭窄的街道或通道等，都有可能发生踩踏。

（4）尽量不去人多的地方，不要把自己置于危险的境地，当人流密度突然增大时，时刻保持对危险的警觉性。

（5）去人流密集的地方应当先观察周围，记住出口的位置，提前在大脑中规划撤离方案。

（6）如果已经陷入拥挤的人群之中，要顺着人流前行，不要试图超过别人，也不要行动缓慢，更不要逆行，否则很容易被人流推倒。

（7）在异常拥挤的人流中，如有可能，应抓住坚固牢靠的东西，如路灯柱之类的，待人群过去后，迅速离开现场。

（8）一旦在踩踏现场摔倒，牢记自救“二十四字诀”：紧急侧卧，双手扣颈，护住头部，蜷缩成团，并腿收拢，全身紧绷。

第4课

突遇火灾，如何逃生？

消防知识很重要，关键时刻能救命

2017年6月14日凌晨，一场突如其来的大火席卷了英国西伦敦一栋24层高的格伦费尔塔公寓楼。从大楼第4层起，火焰开始燃烧。火势越来越猛，不断向上蔓延，短短15分钟，大火就从4楼蹿到了楼顶！

这起火灾的火势非常猛，不断有烧焦的碎片从高处落下……因为火势太猛，楼道里都是浓烟，大量的住户无法穿过楼道逃生。几乎所有的窗户都在燃烧，空气中弥漫着大量的黑烟。消防员根本就进不去现场，救援也无从谈起。亲历火灾的人回忆说，整栋大楼一片火海，尖叫声、哭喊声此起彼伏，现场宛如“人间地狱”。

被困的人们站在窗边不停地喊着救命。当火势继续蔓延时，在窗户边也无法躲避大火。有位母亲将孩子举到窗外，大声喊道：“求你们接住我的孩子，我要把她扔下去了！”当时孩子身上的衣服已经着火，母亲迫不得已从楼上扔下孩子，幸运的是，一位男士冲上前接住了这个可怜的孩子。

这场大火烧毁了151个家庭，造成71人死亡，是二战以来伦敦死亡人数最多的一次火灾！英国警方确认，此次大火起因是冰箱起火以及建筑绝缘层和外墙包层建材不合格。

高层建筑失火到目前为止仍然是世界性的救援难题。保护生命，避免灾难，我们有必要学习一下消防知识，消除火患，以及如果突然遭遇火情，应如何应对的火灾逃生技能。

预防火灾

今天学校有消防演习，岳原回家后兴致勃勃地向我描述消防演习的各种场景，同学们学习了火灾的报警信号，在听到信号后，要求同学们做到临危不乱，有序、迅速地按照消防逃生路线安全疏散，以保证自己的生命安全。

消防员叔叔向同学们介绍灭火器的使用方法，重点讲解了常见的火灾如何预防、如何正确拨打火警电话、使用灭火器扑灭初期火灾及火场逃生等消防知识。通过这次演习，岳原对消防安全产生了兴趣，想进一步了解火灾是如何发生的，以及突遇火灾如何逃生。

岳原："消防员叔叔说，家用电器在给我们生活带来便利的同时，也可能存在安全隐患。在家里，电器比较容易引发火灾，这是为什么呢？"

据消防部门统计，40% 的火灾由电器造成。家庭住宅中用电设备越多，引发电器火灾的概率就越大，许多微小隐患往往被人长期忽视，最终成为"隐藏的杀手"。随着夏季来临，用电量增加，电器的使用安全更应成为关注的重点。

家用电器着火大多是超负荷用电造成的。随着高温天气的到来，空调、冰箱、电风扇等用电设备大量增加，线路老化加上超负荷运转，电源绝缘皮损坏造成短路起火，引发火灾。

此外，电器设备安装或操作不当，安装的电器产品质量低劣等情况也容易发生事故。家里常用的一些设备，如手机、插线板等，如果在运行过程中发热且温度过高，可能发生设备自燃从而引起火灾。

一些电热用具使用不当也会起火，如电炉、电热毯、电暖风及电熨斗等用具，长时间接触或靠近毛毯之类的可燃物，或者用后粗心大意忘记关闭电源，都有可能让家中的可燃物起火。

一旦起火，火势的蔓延速度非常快，只需短短几分钟，熊熊烈火就能吞噬整个房间，所以，一定要重视家中电器的使用和维护，避免失火是家庭安全最重要的预防措施。

岳原："我们现在的生活离不开各种电器的帮助。从安全的角度来说，应该怎么预防电器失火呢？"

购买电器时不要贪图便宜，应购买经3C认证的产品，保证电器产品质量，防止因不合格产品的绝缘隔热、散热效果较差等引起火灾。

同时注意家电或电线的维护和保养，不要让它们"带病工作"，使用家电时做到用前检查、用后保养，避免因线路老化、年久失修而引发火灾。

尽量不要同时开多个大功率电器，不要在一个插线板上插很多插头，避免电器线路过载发热。家电应保持干燥，摆放在通风良好的位置，防止因线路受潮、漏电打火产生火患。出门离家不要忘记三件事：熄火、断电、关燃气。

「 电动自行车自燃爆炸 」

岳原："我在楼道里看见墙上贴有宣传单，禁止在家中给电动自行车充电，是不是因为充电过程中有可能发生火灾？"

很多人为了方便，在家里给电动自行车充电，这是非常危险的做法。在充电过程中，电动自行车的电池会产生热量和气体，如果没有足够的通风和散热，会造成电池因过热而爆炸。电动自行车充电需要在专门的充电站或者有专业设备的场所进行，以保证充电的安全性。媒体上有过多次电动自行车爆炸失火的报道，应引起人们足够的重视和警觉。

不仅是电动自行车充电，包括在家里给手机充电，都有可能引发火灾。手机充电时，要将其放置在通风良好的地方，避免放在被褥、沙发等易燃材料上。手机充电时使用手机会导致手机过热，增加电池起火的风险，如果需要使用手机，应拔下充电器后再操作。另外，长时间给手机充电也是不安全的，充电完成后，应及时拔下充电器。

在家用电器使用方面要养成良好的习惯，以降低家里失火的风险，保障自己和周围人的生活安全。

岳原："我们今天学习了灭火器的使用方法。在我的印象中，只要着火都可以用水来扑灭。但是今天消防员叔叔说，电器着火要用专用灭火器，不能用水来灭火，这是为什么呢？"

电器着火不能直接用水冲浇，这样做是非常危险的。因为水有导电性，进入电器后会降低电器的绝缘性能，用水救火可能会使人触电，不仅达不到救火的目的，还可能危及人身安全。

有一年冬天，由于奶奶家里没有暖气，叔叔怕岳原冷，于是出门前插上了取暖器。后来奶奶听见“吱吱吱”的响声，仔细一看，原因是插线板冒起黑烟，还迸出了火花，眼看就要着火。奶奶立刻跑到厨房打了一盆水准备浇到插线板上灭火。幸好这时叔叔从外面进来了，看到此情形赶紧拉住她，告诉她电器着火不能用水灭，会发生触电。叔叔立刻把电源总闸关了，在电源被掐断后，火就一点点地熄灭了。

如果发现家里有电器漏电，要像叔叔这样，先用绝缘体切断电源，最好关闭用电总闸。发现起火时在切断电源后用干粉或二氧化碳灭火器灭火，如果火不大，可以用家里的被子或厚衣服捂住着火的电器设备，阻断氧气的供给，火自然就熄灭了。

岳原：“除了电器会失火，家里还有其他可能引发火灾，需要我们特别小心的地方吗？”

当然有，家中除了电器，厨房里的灶火、未熄灭就丢掉的烟蒂，以及夏天点燃的蚊香等，都有可能引发火灾，要特别小心。没有父母的许可，小朋友不能任意使用打火机、燃气灶、酒精灯等点火用具。看到未熄灭的烟头、火苗，应马上熄灭，防止火灾发生。

有一些小朋友喜欢玩放大镜点火的游戏，在太阳下用放大镜将光源集中在纸上，利用聚焦的原理将纸点燃。做这个实验时一定要有大人在一边，注意不要引发火灾。不要在阳台、走廊、楼梯口等处堆放杂物和易燃物，保证通道畅通。

发现火灾险情

岳原：“如果独自在家时发现某个地方起火了，我应该怎么办呢？是应该勇敢地去灭火，还是赶紧离开现场？”

当发现起火并且火开始剧烈燃烧时，要竭力保持冷静。

首先判断火源点，再决定先灭火还是逃生。如果涉及电器起火，要先关闭电闸，千万别用水去浇灭，家中最好配备一个家用灭火器，记住灭火器放在什么位置，第一时间拿到并能准确使用。

如果是厨房里的油锅着火，浇水可能也是第一个被想到的灭火办法。但是，这时水也是不能用的，因为冷水遇到高温热油会“炸锅”，带油的火到处飞溅，很容易扩散火势，同时烫伤自己。如果火势不大，可以用锅盖或能盖住锅的大块湿布覆盖火苗，燃烧的油火会因缺氧气而很快熄灭。

岳原：“如果火小，可能盖个锅盖或用灭火器就能马上灭掉。如果火势比较大怎么办，我是继续坚持灭火，还是离开现场及时逃命比较好？”

发生火灾的前20秒非常关键，这个时候积极阻止火灾蔓延是有效果的。如果救火已经来不及，就要想办法尽快逃生，第一时间逃离现场。因为火焰的燃烧速度非常快，不到一分钟就可能燃起熊熊大火，阻断逃生通道。最初几分钟的反应是人们能否从火灾中活命的关键。

不要在现场拨打报警电话，因为即使迅速报警，消防员接到电话，平均的反应时间为5～10分钟，进入火灾现场会更久。发现火势已经开始蔓延时，要迅速逃离并大声呼叫，通知现场人员马上撤离火场，并拨打119火警电话报警。

未成年人在面对灾害时，第一要务是保护自己。所以，不鼓励孩子们去成为“救火英雄”。你们需要做到不好奇、不玩火、不纵火，学会使用灭火器和基本的防火知识，记住学校和家庭的消防路线，一有险情能大声呼救，通知大家警觉，迅速撤离到安全地点。

如果进入陌生场所，如旅游住的宾馆，应该先了解距离最近的安全门、安全梯的位置和逃生路线。一旦发现火源，马上向大人报告险情或拨打火警电话求救。同时，保持冷静，不要慌张，紧随大人脚步，尽快撤离危险的场所。

火中逃生

岳原：“假设火势越来越大，眼看灭火无望，而我们住在中间楼层，这时应该往哪儿跑呢？”

一句话，尽量往下跑。高楼发生火灾的两大应变原则：第一，当逃生路线上没有烟热，向下逃生；第二，当逃生路线上有烟热，关门待救。总结起来就是：小火快跑，大火关门。发现火灾的初期，立即逃生，这就是“小火快跑”。如果火越来越大，浓烟密布，不要贸然开门，这就是“大火关门”，因为可能一开门，浓烟和烈焰就会瞬间冲进来，门就再也关不上了。

如果火灾在楼上，往楼下跑没有问题。如果下楼时感觉温度越来越高，确定起火点在楼下，而且火势阻断了消防通道，就不要试图突破火场，只能关门等待救援。

逃生时先用手摸摸房门，如果房门发烫，或有烟雾从门缝中往里钻，说明外面火势较大，穿过大火和烟雾逃生困难，千万不要贸然打开房门。此时，应关好房门，用棉絮、床单将门缝塞严，泼水降温，防止烟雾进入，另想办

「 火灾时的逃生 」

法逃生。火势不大可以躲在家中，火势较大则往避难层或更高楼层移动，尽量跑到消防登高车能触及的窗口。

记住，遇到火势蔓延迅速或其他紧急无法处理的情形，应保持冷静，立即逃生，不要留下来试图灭火，或者留恋财物抢救物品，这几分钟可能就能决定人的生死。

岳原：“好的，我明白了。消防演习时消防员叔叔教育我们，逃离现场时不能使用电梯，要走消防楼梯，这是为什么呢？”

逃离时绝对不要使用电梯，它可能是死亡陷阱。只要你一进去就完全没辙。因为电梯口通向大楼各层，火场烟气涌入电梯通道形成“烟囱效应”，电梯里的人随时会被浓烟、毒气熏死。

而且，发生火灾后，电梯因短路或灭火需要，往往会停电造成“卡壳”，将人员困在电梯轿厢内，不仅会造成电梯内人员无法正常逃生，也不利于电梯外消防救援人员实施营救。

所以，发生火灾时不要轻易坐电梯逃生，要走消防楼梯。平时要保持安全通道楼道畅通，不乱堆放杂物，便于逃生撤离。

岳原：“发生火灾时进入电梯很危险，不要贸然进入，这个我记住了。”

现在城市很多都是高层建筑，一眼看过去，鳞次栉比、高耸入云。看到这些高楼，我觉得如果其中有一家发生火灾，就可能殃及其他人家，而且，逃生也比低层建筑更困难。

高层建筑有“烟囱效应”，许多竖向井道，如楼梯间、电梯井、电缆井、排气道等，如果没有防火分隔或防火分隔措施不当，发生火灾时，它们就好像一座座高耸的烟囱，形成火势迅速蔓延的途径。所以，高层建筑火势发展往往比普通建筑要快得多。根据消防规定，高层建筑（100米以上）要设立避难层，即为消防安全专门设置的供人们疏散避难的楼层。避难层是个相对安全的场所，有防烟控烟的设施，住高层的人员在通过楼梯疏散时，可以进入避难层休息或者等待救援，不至于受到烟雾的侵害。

如果到浴室或卫生间避难，必须有窗口，方便警示和求救，以及呼吸和排烟，有水池或浴缸更好，可以把水龙头打开，大量放水，降低环境温度。但如果是封闭的卫生间，如一些写字楼的卫生间位于楼层中间，则不适合躲避。若逃生出入口被火势阻拦，应拿出醒目物品，站在窗边向外求救，等待消防人员到来，不要擅自跳下。

高层建筑失火救援比普通建筑更困难，逃生的时间更短，学习消防知识、提前了解逃生通道的位置，有助于人们在火灾中快速并正确做出反应。

躲避浓烟

岳原：“消防员叔叔说，在火灾中，最怕的其实不是火，而是烟，火灾中死于烟中毒的人远多于被火烧死的人。”

火灾中的第一杀手不是火，而是烟。据统计，在火灾中被浓烟熏死、呛死的人数是烧死者的4～5倍。浓烟致人死亡的最主要原因是一氧化碳中毒，人呼吸两三口就会失去知觉，呼吸几分钟就会死亡。此外，火灾中的烟气含有大量的二氧化碳，当二氧化碳浓度达到2%时，人就会感到呼吸困难，达到6%以上，人就会窒息死亡。另外，还有一些材料，如尼龙、羊毛、丝绸等燃烧时能产生剧毒气体，对人的威胁更大。

除此之外，浓烟会严重影响视线，使人看不清逃离的方向而陷入困境，加大了逃生的难度。

岳原："那么，如何减少火灾时的浓烟伤害呢？消防员叔叔说逃离火场时不能直着身体，要尽量弯下腰，捂着口鼻行走。"

首先，可以大量喷水，以降低浓烟的温度，抑制浓烟蔓延的速度。因为烟气的比重比空气轻，起火后烟雾向上蔓延迅速，地面烟雾浓度相对较低，毒气相对较少。从烟火中出逃，如果烟不太浓，可俯下身子行走；如为浓烟，则应匍匐行走，因为在贴近地面 30 厘米的空气层中烟雾较为稀薄。

如若必须穿过烟雾逃生，可采用毛巾防烟法。将毛巾折叠起来打湿捂住口鼻起到防烟作用，注意要使过滤烟的面积尽量增大，将口鼻捂严，在穿过烟雾区时，即使感到呼吸阻力增大，也不能将毛巾从口鼻上拿开，一旦拿开可能会吸入烟气而中毒。

在逃生的过程中，任何金属物，如手表、皮带扣、戒指等全摘下来，这些物质导热。袖子放下来，领子翻起来，遮挡裸露的皮肤。上衣脱掉用水打湿，浸湿的外衣让你更能抵挡高温。把头发打湿，衣服盖在头上等，保护头发和头部，做到这些，可以减少火灾对我们的伤害。

岳原："火灾真是一件可怕的事，还是应该以预防为主，尽量不要形成火患。同时，为了应对可能的紧急情况，我们要学习如何正确拨打火警电话、使用灭火器，并熟悉逃生路线。"

学校举办这种消防演习和培训，对学生来说是非常有必要的。平时熟记家里、学校的逃生路线及灭火器位置，学习逃生方法，牢记每一个步骤，不可以把演习当作玩笑嬉闹的事情。

要知道，不怕一万就怕万一，我们无法预料未来会发生什么。消防知识很重要，关键时刻能救命。

第4课 小结

（1）在家中不要同时开多个大功率电器，不在一个插线板上插很多插头，避免电器线路过载发热。出门离家三件事：熄火、断电、关燃气。

（2）电器着火不能直接用水冲浇，因为水有导电性，用水救火可能会使人触电，不仅达不到救火的目的，还可能危及人身安全。

（3）发生火灾的前20秒非常关键，要积极阻止火灾蔓延。如果来不及救火，应第一时间逃离现场，最初几分钟的反应是火灾中活命的关键。

（4）孩子在面对灾害时，第一要务是保护自己。所以，不鼓励未成年人去成为“救火英雄”，孩子发现火情要呼救并立即离开危险场所。

（5）进入陌生场所，如旅游住的宾馆，应该先了解距离最近的安全门、安全梯的位置和逃生路线，遇到危险可以迅速逃离。

（6）小火快跑，大火关门。发现火灾蔓延的初期，立即逃生；如果火越来越大，浓烟密布，不要贸然开门，应关门等待救援。

（7）逃离时绝对不要使用电梯，它可能是死亡陷阱，火场烟气涌入电梯通道形成烟囱效应，电梯里的人随时可能会被浓烟、毒气熏死。

（8）火灾中的第一杀手不是火，而是烟。从烟火中出逃，如果烟不太浓，可俯下身子行走；如为浓烟，则应匍匐行走，因为在贴近地面30厘米的空气层中烟雾较为稀薄。

（9）从烟雾中逃生时，将毛巾折叠起来打湿捂住口鼻起到防烟作用，即使感到呼吸阻力增大，也不能将毛巾从口鼻上拿开，一旦拿开可能会因为吸入烟气而中毒。

（10）火灾的逃生时间可能只有短短几分钟，学习消防知识、提前了解逃生通道的位置，有助于人们在火灾中快速并正确地做出反应。

第5课
网络伸出的黑手
小心诈骗，保护隐私

随着科技的发展，网络已成为大家学习和交流的重要渠道。孩子们用手机上网、用电脑玩游戏、用平板看视频已成为普遍现象。此时，父母也面临着新挑战：如何守护孩子的上网安全、实现隐私保护？

近日，江苏省某市派出所接到李女士报案，称其女儿微信账号捆绑的银行卡被盗刷，损失高达158300元。经调查，李女士12岁的女儿萌萌有部手机，平时主要用来沟通联系和交网课作业。前不久，萌萌收到一条游戏平台客服发来的推广信息，称只需出借微信号投票打榜5分钟，就可获得688元的报酬。

萌萌面对高额报酬心动了，直接将手机的微信账号和密码告知对方，并提供了手机验证码。随后“客服”告知萌萌，后台检测发现其微信账号违规操作，要封停30天，其间不能尝试登录、申请冻结，不然会被永久注销，且影响个人征信。萌萌被吓蒙了，不敢将此事告诉家人。萌萌的微信绑定了李女士的银行卡，直到一个月后，李女士收到银行发来的异常消费短信通知，她才发现自己的银行卡被盗刷。经查验流水，李女士的银行卡先后被对方盗刷39次，总金额计158300元，李女士急忙报警，才发现女儿遭遇网络诈骗。

随着互联网的发展，孩子在网络上停留的时间越来越长，诈骗分子也逐渐将目光投向了思想单纯、社会经验不足的未成年人群体，通过各种软件对孩子们进行诱导、欺骗和敲诈，给很多家庭带来了巨大的困扰和伤害。

网络诈骗

岳原平时在家会上网查资料，偶尔和同学组团打打游戏比赛。我对孩子上网一直持宽松态度，并没有太多限制，只是叮嘱她在网络中要注意安全，不要随便加陌生人好友，以及要小心保护自己的个人信息等。这天，由于一名同学网上被骗的遭遇，我俩展开了一场关于未成年人网络安全的讨论。

岳原："妈妈，我有个同学收到返利的信息，说只要转钱给对方，就会给你返利，转多少返多少，转得越多返得越多。这个同学信以为真，结果被骗走了好几千元，现在去派出所报案了。网络上会有这么多针对学生的诈骗吗？"

现在网络上针对未成年人的诈骗越来越多。随着各方面的大力宣传，如今人们的反诈意识已经有了很大提升。然而电信诈骗套路不断更新换代，眼下，狡猾的诈骗分子已经将目标盯上了涉世未深的青少年，针对青少年喜欢打游戏、追星，心智不成熟、警惕性低，心理防线脆弱、易被威胁等特点，通过各种方式进行网络诈骗。

首先的套路是各种免费游戏装备陷阱。骗子通常在网络平台发布"低价装备""免费皮肤""游戏账号出售"等信息，孩子们喜欢玩游戏，资金又不足，很容易上当。对方诱导孩子们使用家长手机私下交易，不断地劝说其充值，然后拉黑。

网络上还有各种红包返利骗局，骗子通过短视频网站、聊天工具等渠道发布红包返利虚假信息，诱骗未成年人入群，随后以手续费、转账费、红包等多种借口进行诈骗。等你发现是骗局时他们早已逃之夭夭。

还有一些平台利用孩子们追星的心理，假借明星发“福利”，不法分子诱骗未成年人加入“明星粉丝 QQ 群”，声称完成任务可领取礼品或明星签名，完成得好的人还能够参加明星见面会，诱导未成年人进行转账或刷单，报警后发现全是骗局。

岳原：“我看见网上经常有一些扫描二维码送红包的活动，或者说只要用微信扫一下码就送礼物，这些能相信吗？我觉得这些很可能也是骗局。”

不能相信，要拒绝任何来路不明的扫码。很多人为了抢红包或者想得到一些小礼品去扫码，而落入了别人的陷阱。“扫一扫”的背后通常暗藏玄机，对方轻易获得了你的个人信息，个人信息泄露除会让你收到各种垃圾短信和骚扰电话外，还会让你的个人身份被冒用，使你遭遇电信网络诈骗，如接到“冒充公检法”“冒充领导”的电话等。

一些不法分子甚至会将木马病毒嵌入其生成的二维码中，人们一旦扫码，手机就可能中毒或被他人控制，导致账户资金被盗刷、个人敏感信息泄露。

岳原：“太可怕了，这么多套路！其实仔细想想，这种骗局并不高明，很容易就被识破，可为什么人们还会上当受骗呢？”

「 网络上的诈骗 」

上当受骗有很多原因，最主要的就是“轻信”和“贪小便宜”。孩子们一直生活在象牙塔里，缺少对社会真实情景的接触和历练，收到信息就信以为真，以为通过做任务就可以收到礼物，或是见到自己朝思暮想的明星，在没有仔细辨别真假的情况下，就贸然采取行动，导致上当受骗。

还有一种受骗的普遍心态，就是想占便宜。在生活中孩子们禁不起诱惑，有很多需要花钱的地方，借此在同学中“更有面子”。骗子抓住未成年人这种对金钱渴望的心理，以“利返利”为诱饵，刚开始的小额投入可能会兑现，在取得信任后，便引诱对方加大投入，使孩子们一步步上当。

在这个过程中，孩子即使感到有所不妥，因为担心受到家长和老师的责怪，不敢向大人及时反馈信息，反而会到处借钱，拼命掩盖受骗的事实，结果陷得越来越深，导致骗子屡次得手。

岳原：“确实，这个同学在骗子利返利的游说下，把零花钱都投了进去，越来越身不由己，以为自己再多投一次，前面的钱就能回来，结果越投越多，也不敢让家长知道，只能到处借钱、拆东墙补西墙，最后整个人都快崩溃了。

“其实这种情况下，最好的办法就是及时止损，一旦发现不对劲就立即报警，寻求大人的帮助，挽回损失。”

孩子们在不知不觉中进入了骗局，当发现不对劲时，一定要及时向家人求助，以避免更大的损失。对一些来路不明的链接不要有好奇心，点进去可能会是病毒。要知道天下没有免费的午餐，没有这么多掉下来的馅饼等着你去领。

父母要经常和孩子交流，告诉孩子使用网络的潜在风险，注意保护自己的信息安全，学会辨别网络上的虚假信息，以及警惕网络钓鱼等诈骗手段。

个人隐私保护

岳原："除了网络上的诈骗手段，我们现在主要用微信联系，有些同学天天在微信圈发自己的信息，有什么需要注意的地方吗？"

现在的生活中，微信是重要的社交工具，我们经常会在朋友圈发一些信息，秀旅游、秀学校、秀成绩，以及发泄一些个人情绪，如开心、郁闷、抱怨等，这像是我们的一块自留地，和关注自己的人进行沟通和交流。但是我们需要小心，微信圈里不是什么都可以发布的，要随时注意朋友圈信息的安全性。

以国外一起真实案件为例。某大明星经常在 ins 上炫富，天天晒自己的珠宝和豪车，并把自己的旅行计划详细地公布在网上，甚至还"细心"地标上行程的定位。结果，这种炫富的行为招来了劫匪，根据她在媒体上分享的行程信息，劫匪潜入她入住的酒店，明星住的酒店虽然很豪华，但安保系统薄弱，劫匪顺利闯进她的套房，堵住她的嘴把她扔进浴缸，并抢走了她引以为傲的珠宝。

安全专家认为，大明星此次遭遇抢劫与她在社交媒体上频繁分享生活动态不无关系。这些社交媒体透露了她的地理位置和行踪，加上大量珠宝首饰的图片，这让她成为劫匪的"目标"，这次仅是珠宝被窃还算幸运，差一点她就可能失去宝贵的生命。

岳原："确实，大明星的这种做法好像是在对外宣称：我有钱，有很多很多钱，赶紧来抢我吧！看来，不能在微信圈发布个人的财产信息，以免招贼惦记。

“不过，我没什么钱，也没有珠宝，好像不用担心。还有什么其他信息不能在微信圈发布呢？”

在社交媒体上发布信息，要注意保护个人隐私。因为一旦发布在微信这些平台上，就属于对所有人公开。除财产信息外，也尽量不要晒火车票、飞机票、登机牌等。一些人在晒票据时，虽然会将姓名进行模糊处理，却对票面上的内容未曾留心。需要特别提醒的是，火车票和机票的条形码或者二维码含有乘客的个人信息，包括身份证号等，有被人利用高科技窃取的可能。所以，为了安全起见，票据既不能晒，也不能随意丢，不需要时最妥当的处理方法是撕碎后丢进垃圾桶！

同时，不要晒护照、家门钥匙、车牌，以及家里附近的风景等，含有这些信息的照片会透露你的信息；也不要晒特定时间所处的特定位置，会泄露你的生活圈范围。

一位中学老师从自家的窗户拍了一张夕阳的照片，发在微信的朋友圈，结果不到一小时，就被好奇的学生通过图片搜索等方式，找到了老师居住的小区，甚至具体到了家里的单元门和门牌号，这是发朋友圈的老师万万没想到的结果。

岳原：“我们班级就有这样的同学，他可以根据发布的照片，通过卫星图片搜索，快速找到发布人的位置。人们在微信圈发布图片的同时，其实就等于发布了自己的位置信息。”

在微信圈尽量不要显示家里孩子的照片及姓名。在现实中，很多骗子与被害人素不相识，却能将孩子和妈妈的名字叫出来，甚至还有俩人的照片。原因就在于微信中“附近的人”这个设置，能通过它找到对方微信中分享的照片。所以，宝妈在晒孩子照片时要小心，不妨限制一个范围，以分组的形式仅分享给亲人看。同时注意，不要频繁晒家中老人的照片，这样做会让坏人有更高的概率把他们认出来。如果有人突然对老人说出他孙子的姓名，再附加一条“出车祸”之类的谎言，能轻易让老人掏出半辈子积蓄。

一些没有经过验证的公众信息，如果不是来自权威的媒体发布，而是一些小道消息，也尽量不要在自己的微信中转发，以免以讹传讹，起到推波助澜的效果。

网络上的朋友能见面吗?

岳原：“现在同学们通过网络认识了很多新朋友，大家在网上聊得很开心，有些同学还准备在暑假期间去见素未谋面的网友，不知道为什么，我有些说不出来的担心，网络上的朋友能去见面吗？”

如果你在网络上认识了一个人，了解了一段时间之后想要见面，那么在见面之前，要先回答一些问题：首先，这个人是真实的吗？网络上很容易伪装身份，会有人提供虚假的基本信息，包括姓名、职业、照片等。你以为在和一个漂亮的18岁小姐姐聊天，其实坐在电脑后面的很可能是一个胡子拉碴、大腹便便的大叔。在见面之前，要尽可能核实对方的身份和信息是否真实可靠，没有确认身份之前，不能轻易去见面。

同时，不管在哪里认识的朋友，都需要小心谨慎，不能轻信对方。绝对不要轻易地把自己的个人信息全盘托出，没有经过父母同意，不能把自己及父母家人的真实信息（如姓名、住址、学校、电话号码和相片等）在网上发给对方。

岳原：“如果同学说和这个朋友已经在网上沟通交流了很长时间，彼此很谈得来，也核实了对方的真实信息，知道对方不是骗子，那么这种情况下，可以去线下见面吗？”

在未经父母同意的情况下，不要和任何网上认识的人见面。如果通过长时间的接触，感觉对方不是骗子，而是和自己一样，都是想要真心交友的普通人，必须在父母的同意和护送下，或与可信任的同学、朋友一起，约在公共场所见面。见面的时间最好是在白天，地点在人流量比较大的公共场所，如大商场、咖啡店、公园等。不可以去网友家里或者宾馆以及比较偏僻的地方，以免受到伤害。

还要注意尽量不吃对方给的食物，不喝对方给的饮料，如果是自己买的饮料，必须时刻拿在自己手中，不能离开视线范围。如果对方有什么不轨的企图，很可能会借机下药。一定要保持警惕，如果发现对方有任何可疑之处，立刻找借口离开或躲到人多的地方。

同时，见面时如果对方询问自己和家庭的隐私信息，如家庭地址、年度收入、学校年级等，一定要谨言慎行，防止坏人有机可乘实施进一步伤害。

岳原：“明白了，最好不要在网上跟不认识的人聊天，坚决不要透露自己的个人信息，也尽量避免私下去见网友，不给可能的坏人伤害自己的机会。”

总之一句话，害人之心不可有，防人之心不可无。在这个世界上，有很多好人，但是只要你遇到一个坏人，就可能会遭遇终生无可弥补的伤害，一定要小心为上。

网络借贷合法吗?

岳原:“我听说学校里有一个同学非常喜欢苹果手机,但是他的零花钱不够,他就偷偷用家长的身份证办了网上贷款,并用借出来的钱买了一部最新款的苹果手机。这样做有什么不良后果吗?在零花钱不够的情况下,我们能在网上借钱吗?”

坚决不可以,这样做太危险了。孩子有虚荣心可以理解,但是一定要在合理的范围内。为了购买奢侈品而去借钱,本身就是不可取的行为,网贷更是错上加错。

一方面,未成年人在网上贷款是不合法的,孩子可能会采取一些非法手段借到钱,这大大增加了未知的风险。另一方面,孩子没有稳定的挣钱渠道,无法保证在还款期限内还钱,借贷公司可能会采取各种手段催债,对孩子的心理和身体都会造成极大的不良影响,甚至会出现一些极端事件,比如偷窃、自杀等。

借款行为需要成熟的判断力和良好的财务管理能力,这是孩子在成长阶段所不具备的。他们追求新事物,过早地去借贷会养成不良的财务习惯,不断地透支消费,最后堕入债务危机和困境。甚至有些人在债台高筑的情况下,不得不走向欺骗和辍学的道路,将自己的大好前程毁于一旦,非常可惜。因此,对于未成年人的网贷,一定要高度警惕,需要家长和社会共同来监督。

岳原:“好的,我知道了,互联网在提供给我们生活便利的同时,也带来了各种风险,我们现在学习、生活、写作业都要和网络打交道,应该怎么警惕网络受骗呢?”

「 警惕网络陷阱 」

首先，不要相信天上会掉馅饼，世上没有免费的午餐，贪小便宜往往会吃大亏，各种打着免费幌子的宣传，都不要相信。

其次，上网时要保护好自己的隐私，不要把密码、验证码透露给任何人，要知道正规平台的工作人员是不会向我们询问这些信息的。此外，未经父母允许，不要把自己或父母的真实姓名、家庭住址、银行账号等信息透露给别人，以防被不法分子利用。

此外，克制自己的虚荣心和消费欲望，尽可能地避免借钱去消费，在自己的能力范围内购买有价值、有意义的东西，形成健康、积极的价值观和金钱观。遇到困难时积极和家长交流，遇到不确定的事时多询问父母和老师，可以避免落入他人的陷阱。

随着时代的发展，互联网的技术日新月异，诈骗的手段更是层出不穷，比如新出现的 AI 人工智能诈骗，其以微信视频的方式冒充熟人进行诈骗，在人们没有防备的情况下屡屡得手。我们需要有意识地去获取和了解预防诈骗的信息，提高自我保护能力。

岳原："现在人们的生活离不开网络，我们要特别小心防范网络风险，如果接到一些诈骗电话或信息，在不了解对方是真是假的情况下，可以拨打 110 报警，虽然可能麻烦了警察叔叔，但也是一种快速鉴别真伪的办法。"

当不确定真假，但感觉不对劲时，一般来说很可能有问题，报警是最有效的办法。

网络信息混杂，既有对孩子有益的科普内容、学习资源、教育节目，也有不适合孩子的不良广告、各种游戏。近年来网上报道的过度打赏、网络诈骗、隐私泄露、浏览不适龄信息等问题，都让家长防不胜防。

通过今天的沟通，岳原了解到了网络安全的一些基本信息，但这是远远不够的，网络已和我们的生活密切联系在一起，这在无形中放大了网络的风险，还需要在今后的生活和学习中，不断让孩子掌握安全信息，远离网络上的诈骗和伤害。

第5课　小结

（1）不能确认身份的人通过短信、视频等方式联系，并以各种名义要求汇款或转账时，不要相信，应立即报警。

（2）网络或现实中有返利或中奖等方式的诱惑，一律不要相信，要坚信天上不会掉馅饼，勿贪各种小便宜。

（3）在电话、短信、QQ聊天、微信对话中绝不提及银行卡号、密码、身份证号码、医保卡号码等信息，以免被坏人利用。

（4）不在微信圈等社交媒体平台上发布地址、行程、财产等个人信息，不晒火车票、飞机票等票据，不需要时应撕碎丢进垃圾桶。

（5）没有经过验证的信息，如果不是来自权威的媒体发布，而是一些小道消息，尽量不要转发，以免以讹传讹。

（6）尽量不去见不确认身份的网友，如果去必须在父母或朋友的陪同下前行，并选择一些安全、公开的场所。

（7）未成年人在网上贷款是不合法的，坚决杜绝网贷，以及借钱购买奢侈品等超过自己购买能力的行为。

（8）信息难分真假时，拨打110最放心，虽然麻烦了警察叔叔，但紧急或必要时仍可以采取这种办法。

第6课
夺命的手机
手机不离手，事故跟着走

随着科技的发展，智能手机在生活中已经和我们密不可分：早上手机闹铃叫我们起床，上班路上用手机付账买早餐，用手机刷公交卡进地铁站，地铁车厢里一手拉着手环一手摇摇晃晃地刷手机……人们像是时时刻刻离不开手机，因为过分依赖手机已发生多起安全事故，导致人员伤亡和财产损失。

不仅成年人，孩子也深陷痴迷手机的泥潭里无法自拔。眼睛酸痛、头痛、颈椎疼痛、手指腱鞘炎，这些都是一个动作造成的！那就是低头刷手机，它对孩子的伤害可不止这些，随着移动网络的覆盖及手机社交软件的不断更新，“低头族”已经成为城市交通安全的一个重大隐患，也成为儿童安全的潜在“杀手”！

每天在路上随处可见一些一边走路一边低头刷手机的孩子，侥幸心理的背后是血的代价。

重庆某区，12岁的女孩小月与家人外出踏青时，因为边走路边看手机，一下子坠入路边的一口废弃枯井。小月的父亲立即下井救援，但因小月腰部受伤不能动弹，只能报警求助。

消防人员赶到时发现，小月坠入的枯井大约 5 米深，井口非常狭小，幸好井内没有毒气，没有生命危险。救援叔叔下井查看了小月的伤势，给她戴上头盔和穿上消防全身吊带，在检查安全措施到位后，利用滑轮和安全绳将小月救了上来。120 救护车把小月送到医院治疗，在路上，父亲问她："以后还敢边走路边玩手机吗？"小月腰疼得直吸气，带着哭腔说："我再也不敢了……"

有时候在你低下头看手机的那一分钟，意外就发生了。

手机综合征

这周，岳原开始了暑假生活，由于我们白天上班，家里只有舅妈陪着她。一天回家后，舅妈跟我说，"岳原看手机的时间越来越长，写作业的时候看手机，休息的时候看手机，吃饭时用手机看视频，提醒她关掉，她总说马上就关，却迟迟没有行动"。舅妈对这种状况表示担忧，担心孩子的视力会下降，同时也操心她能不能按时完成暑假作业。我说，"知道了，我会跟她谈一谈痴迷手机的危害"。

我对岳原说："你知道吗，现在有一种病在未成年人中传播，叫'手机综合征'，这些人对手机的依赖程度很高，造成各种问题，主要表现为对手机有很强的依赖心理，时刻离不开手机，一会儿不看手机就魂不守舍。这种病症会降低孩子们的身体素质，影响他们正常的生活质量和人际交往。"

岳原："没听说过这种病。我们现在确实很容易受手机影响，班上有一个同学因为长时间玩手机游戏，导致视力急剧下降，医生说他需要远离手机，让眼睛好好休息。

"看来，长时间看手机会产生各种不良后果。我自己也深有感受，本来只是想查一下手机信息就放下，结果看完信息又看会儿朋友圈，再刷刷小视频，不知不觉时间过得飞快，有点欲罢不能的感觉。"

学生用手机方便和家长联系，但是现在智能手机功能越来越强大，孩子除了打电话，还用手机上网玩游戏、聊天、听歌、聊微信、刷视频等，占用了太多时间，很多时候手机对孩子的成长来说弊大于利。

经常使用手机会让人逐渐产生依赖心理，很多人每天早晨睁开眼睛第一件事就是拿起手机，每天晚上睡觉前也一直在看手机，很晚都不愿入睡。无论任何时候手机都不离手，吃饭、坐车、看电视、上厕所……都要埋头刷会儿手机。

时间久了，对手机的依赖越来越严重。总把手机放在身上，如果没带就会感到心烦意乱；在一段时间内没有听到手机铃声响起，便坐立难安，感到莫名的焦虑；对手机信息有一种强烈的期待心理，每隔几分钟就会下意识地拿出手机看看有没有新消息，如果没有，就会产生一种失落感。有这些情况的出现，就要想想自己是不是患上了"手机综合征"。

岳原："是啊，有些同学说不带手机出门比下雨不打伞更糟糕，一时半刻也离不开。手机在人类历史上出现的时间只有短短几十年，但无法想象我们现在离开了手机要怎样生活。

岳原："城市中出现'手机综合征'的人会越来越多吗？我觉得过多地看手机，不仅对视力会造成伤害，对人的身体和精神也会造成严重的影响，有必要引起足够的重视。我自己也有体会，手机的吸引力太强大，很难摆脱。"

这种影响是方方面面的。《光明日报》官方微博在 2021 年发起关于"使用手机时长和健康隐患"的网络调查，吸引了 40 多万网友的阅读和关注。调查显示，74% 的参与者表示自己手机不离手；80% 的参与者表示手机给自己带来了健康问题。

据统计，现在人们平均每 6.5 分钟就会看一眼手机，如果按每天清醒时间为 16 小时计算，一天大约要看 150 次手机。注意观察一下，在地铁和公交车上，或者在一些家庭聚会上你都会发现，一堆人或站或坐在那儿，各自拿一部手机低头看，互不交谈，这真是"世界上最遥远的距离是我在你身边，你却在玩手机"。

孩子们未来的生活真的被手机绑架了吗？

岳原："不，我觉得不应该这样。使用手机确实有很多益处，但是不管手机里有再多东西，都比不上这个多姿多彩的世界。手机毕竟只是一种工具，我们不能沉迷于虚幻的世界中。

"只是怎样才能摆脱手机对我们的影响呢？随着智能手机的普及，它对我们的控制会越来越严重。"

「沉溺在手机的世界中」

痴迷手机的前因后果

我们首先要明白为什么人们这么痴迷手机，从心理学角度分析，人们频繁看手机是为了提升安全感，怕错过重要信息和电话，想用最快速度完成某件事，时间一长就形成了习惯，导致处理许多事时都会下意识地拿出手机翻看，久而久之就养成了依赖心理。

此外，现在的智能手机上还有很多有趣的应用程序和游戏，能够吸引人们的注意力，让我们不断地去探索和尝试，从而感到兴奋和满足，这种新奇刺激的吸引力也是人们沉迷于手机的重要原因。

岳原："手机还可以让我们和家人、朋友保持联系，满足我们交往的需求。以前要写信、打电话才行，现在通过朋友圈、视频和各种社交平台，我们可以随时了解到别人的生活动态，分享自己的生活经历，与他们及时沟通交流，真正实现了'一机在手，天下我有'。这种交往的满足感也是让我们痴迷手机的原因。"

智能手机方便了人们的生活，但其负面影响也在逐渐显现：它不仅阻碍了我们正常的社交，引起视力下降、颈椎病、抑郁症等一系列疾病，在一些特殊条件下，甚至还可能危及生命。

我们社区一个10岁的孩子冬冬，对爸爸新买的智能手机爱不释手，猛玩游戏，半年时间从正常视力变成近视100度。药水治疗用用停停，加上父母忙着上班，无法严格控制孩子使用手机的时间，结果半年后，冬冬双眼就看不清楚电视画面。复诊验光发现孩子近视已550度，诊断结果显示：孩子视网膜变薄、退化、变形，容易发生"视网膜裂孔"，严重时还会失明，这个结果让家长万分后悔不该放纵孩子玩手机。

岳原：“这么可怕啊，我以后用手机一定会小心，不看太长时间，要不然近视后戴个大眼镜片就不好看了，我可不愿意。而且，我觉得手机不仅会影响视力，也会消磨一个人的意志力和行动力，沉迷于手机对人的精神方面是不是也会产生一些不良后果？”

是的，过度使用手机不仅会降低孩子们的视力，还会出现拇指酸痛、发胀现象，严重者可引发腱鞘炎（俗称“拇指炎”）以及颈椎病等一系列疾病。手机还可能影响孩子的精神健康，产生一系列更为严重的后果。

手机的使用频率过高会影响大脑功能，容易得幻听症。典型的症状是烦躁不安，听到手机铃声就会心情异常，如烦躁、低落等，看到手机信息就会出现担忧、焦虑，生活中遇到一点儿小事就变得暴躁，逐渐失去与别人沟通和交流的耐心。

长时间刷手机会造成孩子注意力不集中，导致其思维能力减弱、记忆力减退，正处于发育中的儿童大脑习惯于这种快节奏的信息传送方式，他就很难沉下心去深度学习一些枯燥的知识。毕竟，真实世界的文本阅读不仅缓慢、费时，还需要极强的专注力。日积月累，手机必然会对孩子的学习成绩以及社交能力产生负面影响。

你爸爸的一位朋友是著名的儿童心理医生，在他研究的案例中，有一位 15 岁考上重点大学的少年天才，因为沉迷于手机的网络世界中，与周围人接触减少，适应性越来越差，发展到最后，他变得表情呆滞，说话前言不搭后语，对别人的问话很难应答，并且产生了一些精神方面的幻觉，不得不求助于专业医生的帮助。

因此，家长不能对孩子玩手机这件事掉以轻心，觉得玩就玩吧，只是件小事，不来烦我就好。要意识到手机会对孩子产生重要影响，不仅影响未成

「 手机对孩子社交的影响 」

年人的身体健康，甚至会降低他们的智商，像一些短视频之类的节目对孩子的吸引力是极为强烈的。

因为手机对未成年人具有严重且深远的影响，引起了全社会的关注，需要社会、学校和家庭共同努力，来预防孩子对手机的成瘾性。让手机成为生活的助手，而不是束缚孩子自由的枷锁。

手机导致的意外

岳原：“您说的这些都是手机潜在的危害，手机有没有可能直接导致事故发生呢？”

太多这样的案例了。前几天，我们小区的乐乐妈妈下楼梯时，听见手机信息铃响，就打开手机查看，结果一分神脚下一滑，就从楼梯上摔了下来，现在腿上还打着石膏，医生说得休息几个月。乐乐妈妈本来已经请好年假准备出去旅游，现在车票和宾馆都白交了订金，腿还痛得不行，她真是后悔，为什么自己要一边下楼梯一边看手机，晚几分钟查看信息能耽误什么呢?

这还不是最惨的。广州番禺一座大桥发生一起严重的交通事故，一个男孩骑着电动车撞上了前面的大车，又被后面的水泥罐车碾压，不幸当场死亡。

从监控画面看，事故发生在晚上 8 点左右，这个男孩右手握着车把，左手拿着手机，手机屏幕在黑暗中十分亮眼。他低着头行驶在路上，只顾盯着手机看，根本没有关注周围的车况，对自己所处的危险环境也浑然不觉，结果灾难就在一瞬间发生了，他年轻的生命永远被定格在了那一刻。这个男孩为自己的不安全行为付出了生命的代价，实在不值得。

无论是开车还是骑车，都不允许看手机，这种行为本身就是违法的。很多人贪图手机带来的快乐，觉得看一会儿没有什么问题，在街道和地铁上经常看见有人一边走路一边看手机，这是极为危险的做法。曾经有两名路人过马路时因为看手机太过于专注，导致被高速驶来的汽车直接撞飞。

这真是：只因在人群中多看了你一眼，生死就在一瞬间！

岳原："好可怕，真没想到因为看手机会发生这么严重的事故。大多数人的想法是我就看一眼，什么也不会发生。其实一旦沉浸在手机的世界里，对外界环境就会变得不敏感，如果有危险时不能及时做出反应，最后就可能发生事故。

"昨天放学时，一个同学一边走路一边看手机，结果一头撞到树上，疼得他捂着脑袋大呼小叫，我们当时只觉得很好笑，现在想想真的很危险。总之，无论是开车、骑车还是下楼梯、走路，只要是在移动的过程中，都不能看手机，重要的是不能分心，保持对环境的敏感性，这才是最关键的。"

看手机容易让人全神贯注以至于忘记外界环境，遇到风险很难及时避险。所以在做任何有风险的事情时，都不应该看手机，应集中精力先把事情做完，等到周围绝对安全，可以全身心放松时，才能拿起手机。

同时，还要注意手机是电子设备，有爆炸及引起火灾的风险，已经因此发生过多次事故，一定要小心。

有一家人，屋主睡觉前把手机连着插座放在沙发上充电，不想半夜沙发突然起火，把家里烧得一片狼藉，损失惨重。虽然现在智能手机的锂电池都有防过电功能，但是在充电过程中电池会发热，若长时间充电，手机过热爆炸的风险就会增大，因此晚上睡觉时尽量不要把手机放在屋里充电。

还有一种行为很多人都有过：手机没电了，直接插上充电器接着用。打游戏、打电话、看视频……这种一边充电一边玩手机的行为，不仅会延长手机充电的时间，更易导致手机温度升高，增加电池爆炸的风险。

所以，我叮嘱过你，不要一边看手机一边充电，家里的电器配件要去正规的专卖店购买，不要图便宜买山寨充电器，以免手机在充电中因短路引发火灾。

毕竟，保证安全才能有家。拥有生命才能拥有一切。

如何放下手机？

岳原："我们也知道不能沉迷于手机，但是怎么做到呢？班上有些同学家长禁止孩子触碰手机，对他们使用手机严防死守。但是在当今社会，做到少用手机很难。

"我们每天要给家里打电话，用手机来刷卡坐公交和地铁，学校有作业和信息要通过手机来发布，同学沟通、讨论项目要在微信中建群讨论……我觉得让我们完全不用手机，是根本做不到的。"

让孩子与手机隔绝在当今的社会是很难做到的，可以说孩子年龄越大越困难，因为手机已经完全融入了我们的生活，不仅是我们的通信工具，还是我们的钱包、交通卡、银行账户……这种情况下对手机的态度"堵"不如"疏"，与其严厉禁止孩子使用手机，不如采取有效的方法来引导孩子正确使用手机，我的建议是用这三个办法。

第一，孩子沉迷于手机本质上是一种缺乏自律的表现，自律源于自信，自信源于自我的价值感。所以，父母在和孩子的相处中应保持情绪稳定，不要因为孩子爱看手机就大发雷霆。很多时候我们越强制，孩子反而越渴望。

应让孩子做一些有价值感的事情，比如一起去运动、做公益活动等。做一些有意义的事情可以让孩子在全身心地投入中获得价值感，从而忘记手机中的虚拟世界。

第二，培养孩子的时间观念和使用手机的规则，强化孩子在什么时间做什么事的意识。在家里规定一些手机的使用要求，比如晚上写完作业前不能看手机、几点必须关机上床睡觉等。同时，在手机上安装一些监管软件，让家长对孩子的手机使用有一个全面的了解，及时获得孩子的位置信息。还可以通过设置一些功能限制孩子看手机的时间，禁止安装一些不适合青少年的手机软件，防止孩子因过度沉迷于手机，失去其他的兴趣爱好而降低生活品质。

第三，家长自己要做好榜样，注意言行举止对孩子的影响，不要长时间刷手机，尤其在孩子面前。回到家里就应该有意识地减少手机的使用频率，多陪伴孩子、多带孩子参加户外活动，一起做有意义的事情，让孩子感受到亲情的温暖和交友的快乐，树立一个正确的手机使用观念。

岳原：“哈哈，这就是以身作则、榜样的力量，爸爸妈妈要是在家天天自己刷手机，却让孩子少看，我们也很难服气啊。今天您在我的手机上安装了一些监控软件，以后如果我看手机有失控的时候，估计您马上就跳出来了，这样也能督促我正确使用手机。”

孩子手机的使用情况家长必须关注，现在手机上有各种五花八门的借贷软件，甚至有些不正规的借贷公司专门引诱未成年人借款，以收取高额的利息，给他们品德的培养以及人身安全都带来了巨大的隐患。

一个朋友的女儿为了满足自己的虚荣心，想购买一部苹果手机，父母不同意，她就通过手机借款平台借钱，本来想等拿到生活费后就把钱还上，没想到利滚利越滚越多，第一笔贷款只有几千元，前前后后 3 年内共还了 8 万元，却还欠 17 万元没有还清，这些欠款仿佛一个无底洞，把她压得无法呼吸，在这种入不敷出的压力下，最后这个女孩选择结束自己年轻的生命，只留下悲痛欲绝的父母在世上。

家长一定要培养孩子正确的金钱观，禁止孩子通过手机或网络借款平台借钱，包括支付宝花呗等都不要使用，避免孩子养成借钱消费的习惯，远离那些无底洞般的网贷和套路贷。同时，要叮嘱孩子保管好手机，身份证、银行账户信息和密码不要图方便截图保存在手机中，因为一旦手机丢失，有人就可能利用这些信息把账户中的钱转出来。

岳原：“贷款有风险，入坑需谨慎。这些人自己有多大能力，难道心里没点儿数吗？只为了自己面子好看，借钱也要买一些装点门面的东西，真是不值得，没有足够的能力就别去花那份钱。”

是啊，孩子把手伸向高利贷的那一刻，悲剧就已经酿成了。我们要引以为戒，永远不能放纵自己的欲望和贪念。

好了，现在到你该睡觉的时间了，你可以看 10 分钟手机，回一下朋友的信息，然后去休息吧，宝贝，祝你晚安！

岳原：“好的，晚安！”

第6课　小结

（1）人们在享受手机带来的便利和快捷的同时，有可能患上“手机综合征”，手机应是我们生活的助手，而不应是自由的枷锁。

（2）长时间看手机会造成孩子的视力下降，严重的还有可能失明，必须对孩子手机的使用时间进行限制。

（3）手机不仅影响视力和身体，还会对孩子的精神状况产生影响，家长可安装一些监控软件，对孩子手机使用情况进行跟踪和限制。

（4）家长要做好榜样，回家在孩子面前尽量少用手机，带孩子一起做些有意义的事情，转移孩子对手机的关注。

（5）培养孩子正确的金钱观，不要购买超出自己能力的物品，不可以通过手机借贷平台等贷款消费。

（6）保管好手机，注意手机的安全权限管理，身份证、银行账户、密码等重要信息不要图方便截图保存在手机里。

（7）手机不离手，事故跟着走。在走路、下楼梯、骑车等移动过程中不能看手机，应保持对周围环境安全的敏感性。

（8）不要睡觉时给手机充电，不能一边玩手机一边充电，不能使用山寨充电器等，避免手机过热引发火灾或爆炸。

第7课

在家也会受伤

家并非绝对安全的港湾

在孩子的成长过程中，危险无处不在。不仅在户外容易发生危险，即便在家中，稍不留意也可能发生让人追悔莫及的事故。

全球儿童安全组织的调研数据显示，61.2% 的儿童意外伤害发生在家里。在家中，儿童经常发生的伤害主要有跌倒 / 坠落（占 25%）、烧伤 / 电伤（占 16.7%）、锐器伤（占 9.1%）、中毒（占 2.6%）等。可见，家虽然是孩子们的“避风港”，却也是暗藏危机的地方。

2020 年的一天，香港西环一名 4 岁男童在家玩耍时，被折叠桌夹头窒息而死。当时孩子的妈妈正在做家务，等发现时孩子已经失去知觉，经抢救无效后死亡。一张小小的桌子，一眨眼的工夫，家长和孩子就阴阳两隔，真的让人非常痛心！

除了折叠桌，家里很容易被我们忽视的隐形“杀手”，还有抽屉柜和电视等，没有固定的重家具，同样具有很强的杀伤力。孩子天性好动，喜欢在家里爬上爬下，到处探索。那些看似稳固的家具其实根本禁不住孩子踩或者拉的力量，很容易重心不稳倾倒，砸到孩子。据报道，某国际家具商的一款抽屉柜就曾造成8名儿童丧命，并接到过多起安全隐患的诉讼。

美国消费品安全委员会（CPSC Consumer Product Safety Committee）做过调查，在美国每两个星期就有一个小孩因为家具或电视机翻倒而死亡，每24分钟就有因此而受伤的小孩。

我们以为最安全的地方也可能是最危险的地方，由于安全隐患的存在，在家也会受伤。

家中的厨房

学校放暑假了，经过一个漫长而疲惫的学期，即将迎来2个月的假期，岳原既开心又兴奋，她搬出自己心爱的图书和画本，堆得家中到处都是，准备好好度过一个轻松愉快的暑假。我每天要上班，无法在家照顾她，只能叮嘱她在家里要注意安全。

岳原有点儿不耐烦地说："妈妈，这是在家里，不是在外面，您还担心什么呢？"

我笑了，在家里也不会万无一失啊。要知道，根据未成年人受伤害事故的统计，超过半数的意外伤害都是在家里发生的，是不是很出乎意料？

家并不是一个绝对安全的地方，不仅户外存在安全隐患，在家里同样可能有安全问题，你即使足不出户也要注意安全，以防意外的发生。

岳原一脸迷惑地问：“我知道外面有坏人，还有很多的安全隐患，孩子们容易受伤害，要特别小心。可是，在家里能有什么呢？这是我们从小成长和生活的环境，会有什么危险呢？”

一向被视为安全港湾的家，如果平时不注意安全问题，很有可能成为意外伤害发生的场所。还记得去年你的好朋友优优骨折的事吗？那天优优家中来了客人，他在家里兴奋得蹦蹦跳跳、跑来跑去。客厅里铺着漂亮的地砖，优优妈妈为了迎接客人，特意把地砖擦得光滑可鉴。不知道谁把水不小心洒在了地上，优优跑动的时候踩了上去，结果脚下一滑，人向后仰倒，他急忙用手去撑住地面，随着他身子扑通倒地，手腕骨折了。

这不是优优第一次在家受伤，他小时候在家里的席梦思软床上玩蹦蹦床，一蹦就蹿得很高，他开心极了，越蹦越高，结果最后从床上摔下来，头部正好磕在床边的桌角上，霎时鲜血就顺着脸颊流下来……最后去医院缝的针，至今，优优额角上仍留着一块明显的疤痕呢。

岳原：“噢，这件事我有印象，我还去医院探望过优优，因为伤口的疼痛，他哭得可伤心了。您还告诫过我，不能在家里的床上蹦蹦跳跳，想玩只能去游乐场，在安全措施到位的情况下才能玩蹦蹦床。可怜的优优，二次受伤了。

“看来，家里并没有我想象的那么安全，家里的哪些地方容易存在安全隐患呢？我猜是厨房，对不对？”

有道理，厨房最可能存在各种安全隐患，因为厨房里有燃气、有炉火，还有刀具等，这些都有可能造成一些意外。通常来说，家中最有可能造成严重伤害的是燃气中毒。

有一年，我和你爸爸回农村老家，冬天非常寒冷，我们在卧室里休息，爷爷怕房间太冷，专门搬了一个火炉放在屋子里，想让炉火为我们驱散寒冷。结果几小时后，我和你爸爸感到头痛和恶心，意识到可能是一氧化碳中毒，我们马上起床打开窗户，让外面寒冷的风吹进来，把炉子搬出去，过了好一会儿才感觉好了点。如果拖延的时间再长一些，后果将不堪设想，我们一阵阵后怕，那次的经历让我充分领教了一氧化碳的厉害。

现在城市的家庭里没有煤炉子了，但是燃气在生活中仍扮演着重要的角色，做饭、洗澡、取暖，它都能大显身手，给生活带来很大方便。可它就像一匹野马，一旦不小心管着它，它就可能跑出来伤人。

据报道，一个孩子的奶奶在燃气炉上烧着热水时，自己出门去买菜，水烧开后，沸腾的水溢出水壶，把正燃烧的火焰浇灭了，燃气不断地泄漏出来，结果不知不觉中，在床上睡觉的孩子吸入了大量弥漫在空气中的燃气，导致一氧化碳中毒，不幸死亡。

岳原：“既然燃气对人的伤害这么大，为什么燃气泄漏的时候人们会对此无所察觉呢？有什么办法可以预防吗？”

那是因为燃气中的主要成分——一氧化碳是无色、无味、无臭的窒息性毒气，人们不易察觉它的存在。燃气泄漏时，受燃气侵害的人自己没感觉，当中毒的人被别人发现时，常常因为中毒太深而无法抢救。要制服野马，就得给它套上笼头。那么套住燃气“笼头”的是什么呢？就是科学使用燃气。

房间通风很重要，越是封闭的环境越容易燃气中毒。现在城市家里使用煤炉的很少，但在农村老家还有一些家庭在使用，一定要记住，睡觉前将煤炉搬到屋外，或者将炉火熄灭后入睡。不能贪图炉火暖和，而将炉子

「 厨房中的不安全因素 」

放在屋里，因为一不小心可能就像我们一样燃气中毒。幸亏当时发现得早，否则可能就酿成大祸了。

最近几年在城市里流行“围炉煮茶”，三五个朋友冬天聚在一起围着火炉烧水煮茶，一边聊天一边喝茶吃点心，别提多惬意了。可惜，仅一个月就报道了30多起因围炉煮茶发生中毒的事件，严重的患者危及生命，即使治愈后可能还有后遗症，这都是因为室内通风不良，炉子燃烧不充分产生一氧化碳惹的祸。

岳原：“一氧化碳这么可怕，可是现在的生活中烧水、做饭还有洗澡除了用电就是燃气，我们在家里如何预防燃气中毒呢？”

在城市里使用燃气灶，注意检查连接燃气的橡皮管是否出现松脱、老化、破裂等现象，开关是否有异常。在厨房安装一氧化碳报警器，当出现燃气或液化气泄漏时，可以第一时间采取避险措施。厨房等有燃气管道的地方应经常开窗，保持空气流通。用天然气热水器洗澡时，注意不要密闭房间，应保持通风，洗浴的时间切勿过长。

现在考一考你，如果家里燃气泄漏，闻到有燃气味时，这时你应该怎么办呢？

岳原：“您刚才不是说燃气的主要成分一氧化碳无色、无味、无臭吗？怎么会有燃气味呢？”

一氧化碳本身是无色、无味、无臭的，但是人们为了预防燃气泄漏事故，在其中掺进了硫醇，让它充当燃气泄漏的“报警器”。它有点类似臭鸡蛋的味道。但这个味道并不是很浓，在浴室洗澡时用的沐浴露等散发的香味，可能让人注意不到燃气味，而当燃气味很浓时，就比较危险了。

如果你早上起床或者回到家里，闻到一股特殊的臭鸡蛋味，根据你的猜测，很可能是家里的燃气管道出现了泄漏，这时候你应该怎么办呢？要不要先把灯打开，看个清楚呢？

岳原："哈哈，这个您考不住我，我听老师讲过，如果家里已有燃气泄漏，这时绝对不能开灯，因为燃气本身具有可燃性，开灯时会产生电弧放电，可燃气体遇上点火源极易发生爆炸，太危险了。"

答对了，这时不仅不能开灯，所有的电器开关都不能开，以免产生火花，发生爆炸。很多人发现有燃气泄漏时非常紧张，会着急打电话给相关部门，寻求帮助。但是，这时要千万小心，发生燃气泄漏时绝对能在室内打电话，这是因为电话、手机都不是全封闭的，燃气可能和手机、电话的电路接触，打接手机或电话时，手机和电话的内部电路有可能产生强静电流，产生电火花，由此引燃燃气，发生爆炸，非常危险！

一旦发现燃气泄漏，正确的做法是：不要慌张，禁止开灯、开抽油烟机和排风扇，不要使用手机、电话，会产生火花，更不能使用明火。应马上关闭燃气阀门，打开窗户通风，到室外安全的地方后再打电话给燃气公司。

岳原："好的，燃气泄漏后果很严重，我们都需要小心警惕。厨房除了燃气泄漏，还有其他风险吗？我觉得炉上的明火以及刀具都有可能成为安全隐患，是不是都应该小心啊？"

你说得对，确实是这样，厨房是家里风险最高的地方。除了燃气泄漏，炉子上的火源也容易发生事故。咱们小区有位邻居忘记炉子上热着汤，就出去买菜，结果汤熬干了，火蹿出来把厨房烧着了。那天消防车到了楼下，整个屋子浓烟滚滚，幸好着火的楼层不算高，家里的孩子和大人都及时跑出来了，没有人员伤亡，虽只是一些财产损失，但也足以让人惊吓了。

台湾地区发生的一起事故就没这么幸运了，一位主妇在厨房煮饭，发现有几只蟑螂在洗涤槽边，她就顺手抓起一瓶杀虫剂朝蟑螂喷射，蟑螂一下跑到燃气灶下面，她就把杀虫剂喷头对着正烧着火的燃气炉位置喷，结果引发了爆炸，厨房迅速被大火吞噬，可怜的主妇浑身着火，灼伤率达85%，送到医院时因心肺衰竭而死亡。

这个真实的例子告诉我们，当厨房灶上有火时，千万不要使用任何杀虫剂，有爆炸的风险！

岳原："太可怕了，我看过一个安全视频，做饭的时候也不能在一边倒面粉，当粉尘在空中具备一定的浓度时，遇到炉火就可能会发生粉尘爆炸，威力一样可怕。"

这是粉尘爆炸，当空气中可燃粉尘含量达到一定程度时，遇到明火就可能发生爆炸，所以在家里和面的时候要远离灶火。

只要厨房炉子上有火，就要千万小心，别使用杀虫剂，别倒面粉，别分心，别走开，炉火关掉后再做其他事情，这样最安全。

浴室和洗漱间

岳原："家里除了厨房，还有什么地方是家庭意外的高发区呢？我猜是浴室和洗漱间。"

中国有一句话，叫水火无情。除了火，那便是水了。家庭中的浴室、洗漱间，都是意外事件的高发区。

很多家长觉得在家带孩子比较安全，心理上容易松懈，这样反而容易发生意外。据统计，4岁以下的幼儿发生溺水的主要场所并不是户外，而是家里的水桶、浴缸。澳大利亚儿童意外预防协会指出：只需要5厘米的水深，只要2分钟，就可以造成孩子溺亡。

英国的一位年轻妈妈给5个月大的儿子洗澡时，听到客厅里电话铃响起，于是她把儿子放在浴盆旁边的一把椅子上去接听电话。这位妈妈和朋友越聊越高兴，忘记了浴室中的儿子。等她接完电话回到浴室时，发现孩子已经溺死在浴盆里。据调查，孩子从椅子上掉了下去，刚好掉进了浴盆里，而浴盆里当时装着约13厘米深的水。最后这位妈妈被判入狱，原因是疏忽大意造成孩子死亡。

岳原："这位妈妈该多难过啊，因为自己一时的疏忽造成这么严重的后果。孩子太小了，被水淹到时发不出呼救的声音。"

对于婴幼儿来说，就算一个小水桶、小水缸，只要栽下去呛到水，或水面盖过口鼻，孩子力气小挣扎不出来，就有可能导致溺水，甚至死亡。

因此，家里的水桶和浴缸使用完后，务必及时清空积水。洗衣液、消毒剂等清洁用品也要放在孩子触碰不到的位置，避免误食。最重要的是，不能单独留孩子在洗手间，特别是洗澡的时候，非常容易发生意外！

浴室或洗漱间的水迹要及时清理，免得踩上去打滑摔倒。浴室瓷砖最好选择小块、防滑的，出口处要放置防滑垫。有老人的家庭，可以在浴缸、坐便器周围安装扶手，避免滑倒。

岳原："除了有水，浴室里还有电器，也是一个危险因素，可能会带来一些安全隐患。"

你说得很对，浴室和洗漱间有水还有电，危险性更高。在浴室里，人体皮肤湿润，电阻减小，一点电位差就可能让通过人体的电流超过安全阈值。如果发现卫生间的插座出现松动，要第一时间更换修理，在开关、插座上加装防水罩，防止水溅到上面进入开关内部。平时不要一边泡澡一边给手机充电，不要使用电线外露的吹风机等，以免引发浴室触电事故。

浴霸是很多人家中会装的电器，能在冬天洗浴时带来温暖，但浴霸在工作中会产生大量的热，可能发生爆炸等危险。所以，使用浴霸时不要将水淋到浴霸表面，同时如果需要较长时间使用，最好同时开启浴霸的排风扇功能，让流通的空气带走浴霸内部过高的温度，避免出现内部结构熔毁的问题。

还有洗浴室安装的玻璃等，这些都是可能会出问题的地方，平时要注意维修保养，高温、安装不当、外力、洗澡时带来的内外温差等因素，都有可能让玻璃门碎裂。普通玻璃破裂后会形成尖锐的碎片，对人的伤害极大，我们都需要小心。

客厅和卧室

岳原："我知道了，厨房和浴室、洗漱间，因为存在水、火和刀具这些危险源，是家里意外事件的高发区。那么把小孩放在客厅和卧室就比较安全了，这些地方总没什么事吧？"

那可不见得，把孩子放在客厅或卧室也不是万事大吉。客厅离大门最近，如果有人敲门，孩子出于好奇心可能第一时间去开门，这时候如果开门人有什么坏心思，就会对孩子不利。

所以，平时要告诉孩子，不能自己去开门，听见敲门声可以喊家里大人去开门。刚好只有自己在家时，先从门里的猫眼看看对方是谁，隔着门窗与其说话，不要先开门再说话。如果是陌生人，无论对方如何游说，也不能轻易把门打开，因为一旦敲门人进来，很多事情就无法控制，有可能危及人身和财产安全。

如果来人是送快递的，可以请他先把东西放在门口；如果来人说是检查燃气管道的，告诉他家长马上就回来了，请他等一会儿再过来；如果对方说尿急，想进来用一下厕所，也坚决不能同意。聪明的做法是假装父母在家，比如向屋里喊一句：爸爸妈妈，外面有人找。不要看到是认识的人就马上把门打开，在开门前先给爸爸妈妈打个电话确认一下。提高安全意识，永远是孩子的必修课。

岳原："有道理，很多时候我们一听见有人敲门，没想那么多马上就把门打开了，可能就给了坏人可乘之机。这时候要多长个心眼儿，先看猫眼再问话，不确认安全不开门。"

非常好！父母尽量不要让12岁以下的孩子一人在家，如果是万不得已把

「 家庭的安全意识 」

孩子独自留在家，要跟孩子讲好安全事项，提高警惕，最好约好一个接头暗号，如果是爸爸妈妈安排的人上门，先跟孩子对暗号确认无误后再进家门，这样就不会有坏人打着父母的旗号对孩子不利了。

除了这些，家里还要注意保持地面的整洁和干燥，以防行走时脚底打滑摔伤；所有家具和装饰物要牢牢固定在墙面上，防止倒下砸伤小朋友；客厅铺有地毯的，要将地毯贴住或用线固定，使它不会滑动；电线插座用绝缘胶带把它遮住或是放在孩子摸不到的地方；收拾好日用的针、线、剪刀以及孩子玩具等尖锐的物品，不要用完后随意扔在沙发或床上，以防有人坐上去时被扎到。

同时，千万要将药品、杀虫剂、清洁剂、松香油、煤油之类的危险物品，放在柜子深处或者锁起来，确保孩子不会拿到这些物品甚至误食。

还要特别注意阳台，从阳台跌落很容易导致孩童死亡，因此要将阳台设置为孩子单独玩耍的禁地，最好在阳台门口加上围栏，使孩子无法单独通过。此外，绝对不可以在阳台上堆放可以垫脚的东西，以防小朋友踩着它们翻过窗户而坠落。

家用电器和其他

岳原：“如果不注意，很难发现家里有这么多的安全隐患，并没有我想象的那么安全。前些天我们一个同学在家使用微波炉，结果着火了，差点出大事，我们在家使用电器需要注意什么呢？”

微波炉非常方便，它的原理是通过高频电磁波来加热食物，但并不是所有食物都能通过微波炉来加热。带壳的食品，比如鸡蛋，以及带密封包装的食品，不能直接在微波炉中加热，容易引起爆裂飞溅，严重时可以溅出伤人。袋装和瓶装食物要在开启后才能放入微波炉专用容器内加热。

在家中还要注意，不要用湿手去触摸开关，打扫卫生时也不要用湿抹布去擦拭电器开关，容易使水进入开关破坏绝缘性能，造成触电。

如果不小心打碎了家里的水银温度计，一定不要让小孩去接触散落的水银，因为小孩有可能把接触了水银的手放入口中，导致汞中毒，那就麻烦了。这时应将窗户打开通风使水银快速挥发，减少水银对人体的伤害，然后戴上手套或用镊子将其夹起，倒进独立的垃圾袋，将其封好后处理掉。

这些都是家庭生活需要关注的地方，查找安全隐患，让家成为我们真正放心休憩的港湾。

岳原："我明白了，暑假在家我会和在户外一样注意安全，度过一个愉快并且安全的暑假！"

通过今天的谈话，岳原了解了家里并不是万无一失，同样有可能发生各种安全意外事故，同时也让我意识到，孩子对安全隐患的认识不可能一步到位，需要通过各种途径丰富孩子的生活经验及安全知识，增强他们的自我保护意识。

第7课 小结

（1）家中的地面要保持干净和整洁，洒上水要及时清理，水和杂物可能让人脚底打滑，导致摔伤。

（2）要谨防燃气泄漏和中毒，定期检查燃气管道，如发现泄漏，不能开灯和打开任何电器，应立即打开窗户通风，到户外后再打电话报修。

（3）炉上热着饭菜时，切记人不要走开，不能在着火的炉边倾倒面粉，也不能喷杀虫剂等。

（4）在浴室给孩子洗澡时勿接电话或走开，水桶和浴缸使用完后务必及时清空积水。在洗手间放好防滑垫，注意浴室防滑防摔。

（5）如果孩子独自在家，要提醒其安全注意事项，有人敲门在未确定安全前绝对不能开门。

（6）将阳台设置为孩子单独玩耍的禁地，最好在阳台加上围栏，使孩子无法单独通过。

（7）家中的家具要固定在墙面上，刀具和药品要收好，杀虫剂、清洁剂、松香油、煤油之类的危险物品要锁起来，确保孩子不会误食。

（8）正确使用微波炉、烤箱等家用电器，如有异常情况，要及时检修。打碎的水银温度计不要用手去捡，应戴上手套收集水银，避免汞中毒。

第8课

平安校园

规则在我心，安全伴我行

美丽的校园里，除了孩子们愉快的笑声和琅琅的读书声，也会发生一些意料之外的事情，比如：

场景1 课间休息时，阳阳和小雪在教室里奔跑着抢一本书。一开始，他们只是在课桌之间穿梭，一个追一个跑，眼看小雪马上要追上阳阳。突然，阳阳一下子跳到了课桌上，高高地扬起手中的书，哈哈大笑。这时，上课铃突然响起，阳阳急忙往下跳，结果一不留神摔了下去，鼻子碰到了课桌角上，鼻血流了出来，染红了阳阳的校服。同学们连忙将他送到医务室止血，校医说幸好没有撞到鼻梁，否则后果不堪设想。

场景2 思思和小杰就读于广州市某中学初一年级，二人是同班同学。一天午休时，思思起身与前座同学交流，小杰突然“玩心”大起，偷偷将思思的椅子往后拉出一定距离，思思坐下时不慎坐空并摔倒，后脑勺碰到凳子后躺地不起。思思摔倒后视力急剧下降，手痛到不能写字，还休学了一年。最后法院判定小杰负有直接责任，由小杰父母向思思赔偿医疗费等合计10万余元。小杰万万没有想到只是一时的调皮，居然演变成严重的法律问题。

场景3 某省一个小镇的小学宿舍，在宁静的冬季之夜，孩子们正在酣睡中，突然因电暖器失火引发了一场大火，13个男孩在这次事故中不幸失去了生命，平均年龄仅9岁左右。这些孩子正处在无忧无虑的年纪，却遭遇了如此残酷的命运，留下13个破碎的家庭。

这些年，校园事故频发让人们震惊和悲伤的同时，也让人们不断地反思如何加强校园安全措施，更好地保护孩子们的生命安全。

教室里的游戏

岳原今天回家比平时晚了些，她说课间活动的时候，一位同学跳到操场台子上玩，不小心摔下来，磕到了眼角流了好多血，她和另一位朋友送这位受伤的同学去了学校医务室，让校医包扎伤口并陪着他，所以耽误了一些时间，回家晚了。

岳原：“妈妈，看来学校也不是一个绝对安全的地方啊，今天医生说，幸好这次只是碰到了眼角，要是再往上一点碰伤眼睛，那就是大麻烦了，他有可能会视力受损，甚至失明。

“这周的班会活动，我们是不是可以提议组织一个校园安全讨论会，让同学们意识到，在校园里需要注意哪些安全事项。”

是啊，校园里学生多、教室多、器材多，还有实验室，这么多人和设施在一起，很可能发生安全事故，一定要小心。校园的安全保障，一方面，是靠学校的老师管理好学生，做好各项安全督促工作；另一方面，学生自己也要有安全意识，养成安全的行为习惯，才能减少伤害。你的这个提议很好，组织一个班会活动让同学们讨论在校园里哪些地方可能会发生安全事故。在讨论过程中可以培养大家的安全意识，养成重视安全的习惯。

岳原："第一个首先应该讨论教室，这是我们待的时间最长的地方，也是我们最熟悉的地方。您不是说越熟悉的地方反而越容易忽视一些安全隐患吗？

"那么在教室需要注意什么安全事项呢？我记录下来，班会活动时可以给同学们一些提示。"

同学们在学校的大部分时间都在教室里上课，到了课间休息的时候，就想互相玩耍、打打闹闹放松一下。这本来无可厚非，但是在这个过程中如果行为过火，很可能会误伤同学。

因为教室空间比较狭小，而且有桌椅和放映机等物品，所以不能在教室中追逐打闹，更不要做危险系数较大的动作，比如爬到桌子上，或是把课椅抬起来互相攻击，这些都是教室里禁止的行为。

同时，由于教室的地面比较光滑，尤其是洒水后，同学们要特别小心。尽量在楼道特定的地方喝水，不要把水洒在教室的地面上，如果地面上有水迹，要第一时间擦干净，以防有同学踩上去滑倒摔跤。如果遇到雨天，要提醒同学们把伞放在教室外，走路的时候要特别注意防滑。

某中学有一位学生小谢，晚饭后回教室自习途中，遇到班上的同学小何，两人互相追赶，小何在前面快速奔跑，由于当天下雨地面湿滑，小何不慎摔倒受伤，经医院诊断小何为左胫腓骨中下段骨折，后经司法鉴定为十级伤残。

「 教室里的安全风险 」

岳原："仅仅因为地面湿滑摔了一跤，就导致这么可怕的后果，真是要小心！我们要注意保持地面的干爽，同时提醒同学们不能在教室中追跑，更不能爬到桌子上去玩。擦玻璃从窗台高处下来时也要小心，否则意外摔伤的后果也很严重。

"此外，一些同学特别喜欢看武侠小说和电影，在教室中玩的时候，会把手中的笔当剑或飞刀使，这样做我觉得也很危险，容易伤到旁边的同学。"

你说得非常好，这么做不安全，一定要制止。英雄、武侠只存在于小说和电视剧中。在现实生活中，如果我们把笔或其他尖锐的东西当剑使，很容易误伤同学，特别是伤到同学的眼睛。同学之间玩闹原本很正常，但如果太出格，就可能造成严重的后果。

有一个 7 岁女孩云云，课间与同学争夺一支铅笔，在争夺过程中因对方用力过大，笔尖不小心戳在了云云右眼上方。送到医院后，CT 检查显示，铅笔插入颅内，更让人揪心的是，铅笔芯断了，医生紧急为云云进行了急诊手术才将笔芯取出。

在教室里，同学间玩耍时要有分寸，不要用铅笔、钢笔等尖锐物品指着对方，更不能用图钉、大头针等文具相互"攻击"，这些"非故意"行为可能会造成很严重的伤害。

有些同学喜欢开玩笑，趁旁边同学起身坐下时，把凳子拉开让对方摔一跤，自己开心得大笑。这些行为会伤害到同学，应明令禁止。

操场上的运动

岳原："没想到这些尖锐的小东西会造成这么可怕的伤害。除了教室，学校还有哪些地方要注意安全？"

在学校，比较容易出问题的地方还有操场。现在每天都有体育课，上体育课时，由于同学们活动前准备不充分或者运动时精力不集中，都可能会造成伤害。稍不留意，危险即来。

岳原："我们有些女同学喜欢在头上戴一些漂亮的玻璃发卡或金属发卡，上体育课时，这些小东西会不会戳伤自己？"

当然有可能，体育课大多是全身性运动，活动量大，还要使用很多体育器械，如跳箱、单双杠、铅球……在运动过程中，这些尖锐的物品有可能掉落，扎到或戳伤同学们的身体。

上体育课前，女孩子的发卡必须摘下来，有些同学非常有学校荣誉感，在衣服上别有校徽、证章等，这些也要取掉。上衣、裤子口袋里也不要装钥匙、小刀等坚硬、尖锐锋利的物品。

眼睛近视的同学如果不戴眼镜可以上体育课，就尽量不要戴眼镜。如果必须戴眼镜，做动作时一定要小心谨慎。做垫上运动时必须摘下眼镜。

上体育课时，穿着舒适、安全的衣服非常重要，不能单纯追求好看，应该以保护自身和他人为前提。在运动前，先检查一下自己的服装，要尽可能适合运动，摘掉一些可能伤人的"小物件"。

岳原："这些服装方面的要求，上体育课前老师通常会提醒我们，基本上同学们能做到。但是在运动过程中经常会有同学出现拉伤、扭伤需要医治的情况。针对这些情况，在上体育课时，我们有哪些需要提醒同学们注意的地方？"

老师在进行体育项目前会带领同学们做一些热身运动，有些同学会趁老师不注意偷懒，这种行为不可取。

我上学时，有一次一位同学上体育课没有做热身运动就开始跑步，听到老师哨声一响，他就随着同学跑了出去，在跑步的过程中因肌肉僵硬摔倒在地，膝盖碰伤疼得直哭……医院检查结果：膝盖粉碎性骨折。

所以说，运动前一定要热身，尤其是从安静状态突然过渡到激烈运动，前期的热身运动相当重要，准备活动越充分，就越不容易发生危险。易受伤的关节、部位要充分活动开，否则身上的肌肉很容易出现拉伤、扭伤等问题。不要因为老师不在场或没有盯着，就想"偷工减料"，运动前做好准备才能防止在运动中受到伤害。

运动时，应服从老师的安排，理解动作要领，不要自己随意发挥。注意运动不要过度，如果当天身体不适，不要硬撑，及时向老师报告，老师会根据学生的情况看是否能坚持上体育课。活动时精力应集中，注意自身安全，避免发生扭伤、碰伤、摔倒等意外情况。

岳原："这是运动时一般的注意事项，同学们都能按照老师的要求来进行，受伤的概率不大。

"同学们在进行短跑、投掷训练、双杠练习等这些项目时，危险性更大，也更容易受伤，安全方面如何预防呢？"

「 体育的安全风险 」

竞赛项目不仅能锻炼孩子的身体，也能提高他们的反应能力和协作能力，是很好的训练活动。只是在这个过程中，要特别注意一些安全事项，避免自己及同伴受到伤害。

进行短跑之类的项目，要在规定的跑道上进行，不能串跑道，这不仅是竞赛的要求，也是安全的保障。特别是终点冲刺时，更要遵守规则，因为这时身体的冲力很大，精力又集中在竞技上，思想上毫无戒备，一旦相互绊倒，就可能导致严重受伤。

投铅球、铁饼、标枪时，一定要按老师的口令进行，不能有丝毫马虎，更不要近距离观看他人投掷。这些器材有的坚硬沉重，有的前端有尖利的金属头，如果擅自行事或离得太近，就有可能击中他人或自己，导致受伤，甚至发生生命危险。

比如，某市某地一所学校的学生上体育课时发生意外，一支标枪击中一名女同学面部，标枪头刺入该女生颧骨约 2 厘米，所幸没有生命危险。

还有，在进行单双杠和跳高训练时，器械下面必须准备好厚度符合要求的垫子，如果直接跳到坚硬的地面上，会伤及腿部关节或后脑。做单双杠动作时，要注意双手握杠时不打滑，避免从杠上摔下来，使身体受伤。

参加篮球、足球等项目的训练时，要学会保护自己，不要在争抢中、奔跑中伤及他人。在这些争抢激烈的运动中，遵守竞赛规则对于安全至关重要。

总之，竞技项目类危险性相对较高，一定要认真听老师讲解安全事项，运动中遵守安全规则，时刻注意自身及他人的安全，万不可为了拿到奖牌贸然行事，造成自己或同伴受伤。

校园里的楼梯

岳原："除了教室、操场，我觉得校园里还有一个需要关注的地方，就是楼梯。因为这地方人流量大，特别是就餐和放学的时候，楼梯通道上经常挤满了学生。

"您上次讲韩国梨泰院事故时，说过学校也是踩踏事件的高发地，人流量大、特殊地点、秩序混乱，只要满足这三个条件，就有可能引发踩踏。

"我觉得在学校里，最可能发生踩踏的地点就是在教学楼的楼梯上，这里聚集的学生最多。下课、做操、就餐、放学的时候，人流量最大，拥挤在一起，有可能发生踩踏。但是，根据我的观察，如果同学们行动井然有序，上下楼梯都沿一个方向前进，那怕人再多，也不会发生踩踏事故。"

学校的踩踏事故几乎都发生在楼梯上，特别是在楼梯的拐角处。从学生群体来看，小学生和初中生在学校里更容易发生踩踏，其中小学生发生的概率又高于初中生。从危害后果来看，校园踩踏事故一旦发生，几乎都会造成学生伤亡，而且往往是群体性伤亡，危害极大，影响恶劣，社会关注度高。

在活动人数较少或者空间开阔的情况下，发生踩踏的可能性很小。而学校是未成年人聚集的场所，当人数众多的学生要在短时间内通过某一空间容量有限的通道时，就存在拥挤的风险，一旦拥挤过度，踩踏事故就可能随时发生。

一个真实的案例：某中学晚自习后学生们下楼，在漆黑的楼道里挤在一起，楼梯之间的拐弯处传来孩子的哭声，同学们在惊恐中更加拼命往前挤，楼梯栏杆被挤倒，众学生堆压在一起，造成3名学生当场死亡，4人重伤，80多人不同程度被挤伤的踩踏事故。

所以，正如你观察的那样，在学校的楼梯处，如果只是人流量大、地方狭窄，但同学们秩序井然，没有恐慌、害怕的情绪，也是不会发生踩踏的，出现慌恐情绪，引发混乱秩序，是造成踩踏的重要原因。

岳原：“为什么会出现恐慌情绪？正常情况下，学生只是从楼梯经过而已，时间不会太长。所以，我不是很明白，为什么会出现恐慌情绪，从而引发踩踏。”

学校发生踩踏有多种原因，例如，男生调皮将楼梯口堵住，使大量学生拥堵在楼梯处；学生在上楼过程中停下来系鞋带，被对面涌来的学生压倒；楼梯中发生哭泣、打架等异常情况，学生受好奇心驱使，不但不止步，反而凑上去看个究竟，导致人群拥挤；楼梯间电灯不亮，学生急于离开，大量学生挤在一起，混乱中一些学生摔倒，众多学生相互拥挤踩踏，从而引发事故。

总的来说，一方面是因为学校的管理不到位，比如楼梯过道太窄、缺少楼梯扶手，照明不够，对学生上下课的人流缺乏疏导等；另一方面是因为学生安全意识淡薄，不了解踩踏造成的危害，刚开始聚集在一起时还觉得很好玩，有些学生还使劲地往下压，等意识到危险时已经有同学在踩踏中受伤甚至失去了生命。

岳原：“太可怕了，我们一定要在班会中讨论踩踏，让同学们意识到在学校发生踩踏的危险性，那么有哪些预防的办法呢？”

首先，踩踏事故没有预见性，应尽量避免到人群拥挤的地方，下课、就餐、放学的时候，不要着急抢时间，放慢脚步避开人流高峰。在人员拥挤的地方尽可能选择靠墙的两边走，因为踩踏事件通常发生在人员最挤的中间部分。

其次，如果已经在拥挤的人群中行走，无论是掉钱还是掉手机，都不要去捡，因为人多时很可能把你挤倒。当发现前面有人摔倒时，要马上停下脚步并大声呼救，告知后面的人不要靠近，及时分流拥挤人群，组织有序疏散。

最重要的是，培养学生上下楼梯相互礼让、靠右行走的好习惯，遵守秩序，不在楼梯处打闹以及搞恶作剧，让同学们认识到这绝不是小事，可能会导致极为可怕的后果。

实验室里的安全守则

岳原：“好的，教室、操场以及楼梯，这三个地方容易发生安全事故，我记下来了。校园里还有其他地方同学们需要特别注意的吗？”

现在同学们最喜欢的课，除了体育、班会活动，还有一个地方是你们很喜欢去的，那就是实验室，在实验室里同学们可以自己动手做实验，既有趣又好玩。殊不知，实验室因为有电、火、仪器和各种化学试剂，也是一个相对危险的地方，要特别注重安全。

某大学药学院发生过一起实验安全事故：实验室在清理毕业生遗留在烧瓶内的未知白色固体，一名学生用水冲洗时烧瓶发生炸裂，炸裂产生的玻璃碎片刺穿该学生手臂动脉血管。事后调查发现，该白色未知固体为氢化钠或氢化钙，遇水剧烈反应而发生爆炸。

所以，在进入实验室前一定要认真聆听老师讲解实验守则，并严格遵守。要知道，实验守则是根据人们从事实验室工作的长期经验归纳总结出来的。它是防止意外事故发生、保证正常的实验环境和工作秩序、做好实验的基本前提。做实验必须按老师的讲解进行操作。未经老师允许不准动用试剂药品，不能随意串组。

牢记实验室的“三不原则”，即不能用手接触药品、不能把鼻孔凑到容器口去闻药品的气味、不能尝任何药品的味道。

同时，不能在实验室内喝水、吃东西。不要将饮食用具带进实验室，以防毒物污染，离开实验室及饭前要洗净双手。

安静整洁的实验室并没有想象的那么安全，而是“危机四伏”。所以，不要抱怨烦琐的实验规则，这些并不是教条的命令，而是真正为了你们的人身安全设计的方案，进入实验室一定要安全操作，认真遵守实验室的各项规章制度，避免意外事故的发生。

岳原：“您说的这些我都记下来了，这周的班会活动我们会向老师提议，组织同学们讨论校园安全。生命只有一次，每个人都应该珍惜。我们会更加努力，让校园变得和平美好。”

非常好，开始行动吧！

第8课 小结

（1）校园并非绝对安全，学生一定要有安全意识，养成安全的行为习惯，才能减少意外伤害。

（2）注意保持教室地面的干爽，不要在教室中追跑，不能爬到桌子上，从窗台等高处下来时要小心，避免意外摔伤。

（3）不能用铅笔、钢笔等尖锐物品指着对方，更不能用文具相互“攻击”，不要开过火的玩笑，这些行为可能会给同学造成严重的伤害。

（4）上体育课应穿着舒适、安全的衣服，不要戴发卡、徽章，口袋里也不要装钥匙、小刀等坚硬、尖锐锋利的物品。

（5）体育课的热身运动非常重要，易受伤的关节、部位要充分活动开，否则容易出现拉伤、扭伤等问题。

（6）跑步、铅球等竞技类项目危险性较高，要认真听老师讲解安全事项，运动中遵守安全规则，时刻注意自身及他人的安全。

（7）培养学生上下楼梯相互礼让、靠右行走的好习惯，遵守秩序，不要在楼梯处打闹以及搞恶作剧，避免发生踩踏事件。

（8）实验规则不是教条的命令，而是为了同学们的人身安全设计的方案，进入实验室要按规定操作，牢记“三不原则”。

第9课
对校园霸凌说“不”
致少年的你：校园霸凌怎么破？

韩国电视连续剧《黑暗荣耀》，一经上演便受到全球多方议论和好评，校园霸凌再度成为世界热议的话题。

《黑暗荣耀》讲述了一名高中女学生文东恩，受到同学残酷的校园霸凌，积蓄力量长大后回来复仇的故事。出身于贫穷家庭的文东恩，在学校被以另一个高中女生朴妍珍为首的小团伙选中作为施暴对象，她被施虐者用语言凌辱和被卷发棒烫得遍体伤痕。文东恩一直努力学习，梦想成为建筑师，但在备受欺凌、投告无门的情况下，不得不放弃梦想从学校退学。绝望的她想到了自杀，但最终放弃了寻死的念头，进入工厂一边上班一边学习。支持她继续活下去的理由只有一个，那就是有朝一日要向当年霸凌她的人复仇。

一晃多年过去，文东恩凭借自己的努力进入朴妍珍女儿所在的学校，并成为她女儿的班主任。自此开始，文东恩的复仇计划正式拉开了帷幕，她要向每一个过去踩在她头上的人复仇，无论这个人是主谋还是帮凶。在周围人的帮助下，文东恩历经艰辛实现了自己的复仇计划，当年施暴的小团伙分崩离析，死的死、疯的疯，首恶朴妍珍被丈夫和女儿遗弃，母亲扔下她不管，自己身陷囹圄，当年的霸凌加害者终于为她的恶行付出了惨痛代价。

无论在世界上的哪个国家，校园霸凌都是常见且难以避免的现象。《黑暗荣耀》揭示了如果没有及时制止和妥善处理，校园霸凌造成的负面影响将会持续到成年时期甚至影响受害者的一生。文东恩的复仇从某种意义上来说是不对的，我们不应提倡，但文东恩受的欺凌该怎样化解或回击呢？

为什么会有霸凌？

岳原这些天在家一有空就追韩剧《黑暗荣耀》，去学校还和同学们讨论剧情进展，对文东恩的复仇行动大呼痛快。她在小学阶段也曾受到同学的欺负，所以对校园霸凌深恶痛绝。

> 吃饭时她忽然问我："妈妈，老师跟我们说，学校严厉禁止校园霸凌，如果发现有霸凌的行为，要立即向老师汇报。我在想，学校难道不应该是一个和谐快乐的地方吗，为什么会有霸凌呢？"

校园里出现霸凌并不是一个偶然现象，在世界上的很多国家和地区都有这种情况。2020 年华中师范大学教育治理现代化课题组对全国六省的调查数据显示，校园欺凌的发生率为 32.4%。也就是说有将近 1/3 的学生在校园里遭受过霸凌。

2019 年，联合国教科文组织发布的一则报告提道：全球 32% 的学生在近一个月内都曾遭遇校园欺凌，没有任何一个国家的少年可以完全避开校园欺凌。可见，校园霸凌并不是个例，而是值得所有人深思的社会问题和教育问题。

> 岳原："为什么会有人作恶欺负自己的同学呢？我不是很能理解，这些人是出于什么样的心理。"

霸凌者之所以成为霸凌者，很多时候并不是因为他们本身就是坏孩子，最常见的原因是这些孩子没有得到父母足够的爱和关怀，他们的精神需求没有得到关注，他们内心像荒漠一样，不得不向外寻找刺激和关注。

调查显示，校园霸凌事件中的施暴者大多数是由于家庭教育缺失而导致的，父母忙于工作挣钱，对孩子漠不关心，或是过度在乎孩子的学习成绩，对孩子经常指责辱骂等，这种家庭教育会导致孩子性格冷漠、自私自利，缺少同情心。

反霸凌电影《少年的你》中的魏莱为例：魏莱家庭条件优越，可父亲因为她没有达到自己希望的高度，就对她冷暴力。在这种家庭长大的魏莱看起来乖巧懂事，其实内心冰冷坚硬，在家中的小心翼翼和长久的压抑最终导致魏莱用虐打同学的方式发泄了出来。

这些学生遇到挫折和困难时，无法表达自己的情感和需求，只能通过欺负别人来释放自己的负面情绪；他们缺乏对他人的尊重和关爱，不能理解别人的感受和需要，甚至认为通过欺负别人可以展示自己的权力和优越感，从而得到他人的敬畏和认可。

所以，通常来说，校园霸凌者普遍存在自卑心理，这种心理可能来自他们的家庭环境、社交或学习成绩等方面。他们觉得自己不够优秀，需要以欺压别人来获得自信和满足感，他们受到的挫折要“还”给不相干的人。

岳原：“有些霸凌者家庭条件优越，学习成绩也很好，表面看起来健康阳光，但是做的事情让人觉得非常可怕。《黑暗荣耀》里的朴妍珍就属于那种看上去很光彩、很荣耀，但骨子里充满对别人生命的鄙视和漠然的人，这就是人们所说的缺乏‘同理心’吧。”

朴妍珍缺乏对别人感同身受的能力，她只在乎自己的感觉和想法，错误都是别人的，即使最后锒铛入狱时，她也没有真正意识到自己的恶行，而是

「 校园中的霸凌 」

后悔没有早点除掉文东恩，这也是她的母亲一直以来灌输给她的观点。所以说，朴妍珍是很多人的施害者，而她的母亲也是她的施害者。

霸凌者通常缺乏对别人的理解和同情，会把错误归因到环境因素和受害者身上。他们并不会觉得自己过分，而是倾向于把责任推到被霸凌者身上，以逃避外界的谴责。

这些孩子之所以变成这样，很多时候是受原生家庭的影响，父母给予了他们严格专制或过度溺爱的教育。父母对孩子简单粗暴，孩子可能会模仿父母的攻击行为；而父母对孩子无限宠溺，没有底线和原则，会让孩子容易变得目无法纪、冷漠残酷，甚至以欺负弱小者为乐。

所以，出现校园霸凌时，仅仅谴责霸凌者是不够的，还需要从社会环境和家庭教育等多方面去思考和探究。

什么是霸凌？

岳原：“校园霸凌除了对别人进行身体上的折磨，还有其他的方式吗？”

校园霸凌是指学生之间一方单次或多次故意通过各种方式对另一方实施欺负、侮辱，给对方造成伤害的事件。属于这种情况的都可以称为霸凌，不是只有身体欺凌才是校园霸凌。

身体霸凌是一方面，比如打、踢、掐、吐口水、绊人摔跤、抢走或毁坏别人的学习用具、做粗鲁手势等。除此之外，语言霸凌在校园里更为常见，如用一些侮辱性的语言对其他学生进行攻击，从而产生矛盾。还有心理霸凌，即通过一些行为给其他同学造成精神或心理上的压力，比如笼络其他同学共同冷落某位学生，使这位学生产生很大的精神压力等。

岳原："同学之间哪些语言算得上是霸凌呢？有些同学性格活泼，会给其他同学起一些特别的外号，比如，班上有个女同学特别胖，一些男生叫她'小胖丫'，这种算霸凌吗？"

同学之间喜欢开玩笑可以理解，但是一定要注意不能过度。

给别人起外号，如果是出于恶意或者带侮辱性质的，就属于校园霸凌的范畴。属于玩笑还是霸凌，有一个基本区分标准：玩笑是双方都在笑，霸凌是一方笑而另一方痛苦。

叫身体丰满的同学"小胖丫"，自我感觉是一种亲昵的表现，但是可能会给对方带来精神伤害，有时候甚至就是往别人伤口上撒盐。时间久了会给被调侃的同学留下心理阴影，影响其正常的健康发育和心理成长。

记得我小时候，班上有位同学因为患有小儿麻痹症，走路一瘸一拐，被同学们取了个"铁拐李"的外号。后来的很多年，同学聚会从来都没有见过这位同学，有同学邀请他来，他也拒绝参加。当初给他起外号的同学想给他打电话道歉，也被他毫不留情地挂断，可见这个外号对他的伤害之深。

岳原："校园霸凌有这么严重的后果，难怪老师说霸凌是学校的红线，绝对不允许过线，那么我们在学校需要注意哪些行为可能踩了红线呢？"

首先，对同学身体上的伤害是绝对不可以的，比如拳打脚踢、掌掴拍打、推搡绊倒、拉扯头发等，这些属于比较严重的校园霸凌，还可能会被追究刑事责任（对于严重的校园霸凌会依据聚众斗殴罪追究行为人的刑事责任）。

一位在美国加利福尼亚州读高中的中国女留学生，因琐事遭到同为留学生的十余名同学长时间殴打、虐待，事后被害人在当地报警，警方调查后提起公诉，3名主犯被判处6～13年监禁。该案件引起了人们的广泛关注，让人们意识到校园霸凌的施暴者将会面临严重的惩罚。在我国，对校园霸凌者的制裁也越来越严厉，对校园暴力零容忍，情节严重的犯罪者即使是未成年也要承担刑事责任。

除了推搡、殴打等肢体冲突，勒索钱财、散播谣言、嘲笑、取绰号等，也是不允许的。比如，一位同学是外地来的，有同学便嘲笑他的口音。他上课回答问题时，就有同学起哄、偷笑；又如，一位同学戴了牙套，在班上就有了“钢齿铜牙”的外号。校园里有没有崇拜、模仿电影中的“古惑仔”形象、“帮派”组织的学生呢？如果你点了头，请提高警惕，敲响警钟，这些行为说明校园霸凌正在悄然发生！

此外，现在大家使用手机的频率越来越高，如果有人利用手机或网络等方式污蔑、诽谤某位同学，这属于网络霸凌，也是不允许的行为。

霸凌带来的伤害

岳原：“有些学校的霸凌者，似乎并没有意识到他们的行动会给别人带来这么大的伤害，而是将他们的攻击行为当作正常的交往、互动方式。

“我上小学时，同桌有段时间老是用语言攻击我、嘲笑我，当时我觉得很委屈又不敢跟老师说，觉得自己是不是‘小题大做’，为此很苦恼。他后来跟我道歉，解释说那段时间因为父母要离婚，他备受打击，所以把我当成了情绪的‘垃圾桶’。”

这种情况一定要第一时间向老师和家长说明，老师和家长要重视，不能认为这是小孩子间的小矛盾。霸凌会对孩子造成极为严重的心理创伤和终生影响。

被霸凌的学生可能会表现出头痛和胃痛的症状，免疫力也会受影响。根据澳大利亚对 750 名学生的研究结果显示：受害者更容易高度焦虑、产生社交障碍，甚至患上抑郁症。

由于被霸凌带来的不安全感，受害者精神恍惚，很难集中注意力，一些孩子会因此感到不安全而旷课甚至辍学，从而影响人生的发展，甚至有一部分受害者会成为日后暴力的犯罪者。美国的调查显示，在 15 起校园枪击案中，有 12 起枪击案的罪犯遭受过校园霸凌。

岳原：“不知道这些霸凌者长大后能否反省自己，会不会后悔自己当初对同学的霸凌行为。”

霸凌不仅影响受害者，对施暴者同样有负面影响。他们在成年后可能会出现一些行为问题，如酗酒等，也更容易出现一些犯罪行为，如对他人使用暴力等。而那些既是受害者后来又成为霸凌者的人，他们有很高的风险患抑郁症，或者自杀。

在霸凌中，也有一些霸凌者失去自我认知，在后期的反思中仍认为自己并不过分，都是对方的错，倾向于把责任推到受霸凌者身上，以避免自己受到外界的道德谴责。

调查发现，校园霸凌的目击者也会受影响。目击霸凌会影响学习，这些孩子可能会因为恐惧而旷课甚至辍学。霸凌的目击者会更容易在日后产生心理问题，比如患有抑郁症和焦虑症。同时，也有可能吸烟、酗酒或者有暴力行为等。

「 校园霸凌带来的痛苦 」

岳原：“在校园里，是不是有生理缺陷的孩子容易受到霸凌？其他还有哪些孩子容易成为校园霸凌的受害者？”

身体天生有缺陷的孩子本来就已经很不幸了，理应受到人们更多的关心和照顾，但不是每个人都会这样想。在孩子的价值观还没有正确树立之前，他们对身边同学的态度有一种天然的“捧高踩低”。

学校里家世好、长得又好的孩子，通常会受到同伴的追捧和关注。而家庭条件差、外形上又有缺陷的孩子，比较容易被同龄人“踩到谷底”。这类孩子轻则被取外号嘲笑辱骂，重则被暴力殴打，甚至会持续很长一段时间被霸凌。

不过，不仅是身体有缺陷的孩子，其他类型的孩子也有可能遭受到霸凌，包括那些家长、同学眼中“优秀”的孩子。校园霸凌者有时会嫉妒这类孩子，他们会产生“凭什么你这么狂傲”的想法。校园霸凌者通过霸凌这些孩子，将他们“嚣张”的气焰打压下去，并赋予自己所谓“正义”的职责。

而且霸凌者欺负别人还喜欢找理由，“我们都看不惯他的样子”，以及“班上同学都不喜欢她”……一旦找到这些理由，他们就会以“教训一下”的名义一拥而上欺负这些孩子。

所以，当孩子被霸凌时，不要用“苍蝇不叮无缝的蛋”之类的话来怀疑孩子，无论是男孩还是女孩、无论身体有无缺陷、无论他/她成绩好坏、无论他/她优秀与否，任何孩子都有可能被校园霸凌者选中，这并不是他们的错。

岳原：“我当初被同学欺负时，很想不通，不明白为什么以前关系要好的同学会这样对待我，也不知道应该如何与老师和家长沟通。后来就慢慢不愿意去上学，晚上睡觉时一想到第二天要去学校，就觉得浑身不舒服，宁可自己生病了才好。”

你以前上学都很积极，但那段时间闷闷不乐，突然找各种借口不想去学校。我当时忙于工作，也疏于对你的关心，这是妈妈不对。那时我就应该及时发现你的反常状态。你在学校受到欺凌应该告诉妈妈和老师，直接说明情况就行，不要有所顾虑。

一定要细心观察，和孩子多沟通，看看孩子是不是在学校受到了一些不公平的待遇。

孩子如果遭遇校园霸凌，内心会恐惧、逃避，不想看到欺负他的同学，就会排斥上学。回家后整个人会变得沉闷起来，失去孩子该有的灵气，不爱说话，也不笑，看起来心事重重。

有些孩子遭受校园霸凌后，晚上会失眠，或者一睡着就做噩梦、冒冷汗，甚至尿床。当孩子身体上出现一些人为的伤痕如瘀伤、抓伤时，可能是在外面受到了一些暴力侵害。要注意，如果孩子经常穿长袖衣服，即便温热天气也如此，或许是想遮掩伤痕。

当孩子出现这些状况时，可能是孩子在学校遭受到了霸凌，家长要高度关注，必须及时了解情况。家长绝对不要带有任何怀疑和质问的情绪去沟通，否则孩子感到紧张会掩盖事实真相。当发现孩子被霸凌时，即使再气愤也要尽力保持冷静，安慰孩子的同时立即想办法积极解决。

面对霸凌如何“破”？

岳原：“那么面对校园霸凌，我们应该如何处理呢？”

当初妈妈知道了你受同学欺负后，第一时间到学校向老师反映情况，老师也非常重视，调查情况属实，要求这名同学诚恳地向你道歉，停止他的不当行为并保证以后不会再犯。

所以，面对校园霸凌，逃避、隐忍解决不了问题，要冷静、机智地应对，最好的解决方法是向家长反映情况或者报警，寻求大人的帮助。

有些孩子被欺负后因为害怕被报复，选择忍气吞声，结果对方反而变本加厉。对于这样的情况，孩子要勇敢地对校园霸凌说“不”！不论是孩子自我保护当场反击，还是事后找家长和老师求助，都能起到保护自己的作用，也能让对方的暴力行动被吓退或终止。

岳原：“如果我们在受欺负时反击了，但对方置之不理，还变本加厉，这时应该怎么办呢？”

注意保护自己，同时保留自己被霸凌的证据，比如录音、伤痕，寻找可以做证的人等。与家长和学校沟通时，把这些证据交给家长和学校，必要时可拨打一些热线电话反映情况。

如果被同学敲诈勒索，不要怕，越不敢声张，敲诈者就越嚣张。不要轻易答应对方的要求，可以借口身上没钱，约定时间、地点，在家长或老师陪同下再“交”。同时，霸凌者很少选择对一群人施暴，在学校多结交一些好朋友，不要总是独来独往。注意上下学、独自外出时，不走僻静、人少的地方，要走大路，也不要天黑再回家，放学不要在路上贪玩，按时回家。不落“单”，让霸凌者找不到下手的机会。

如果和霸凌者直接面对面，面对可能的暴力时，要谨记“人身安全永远是第一位”，不要激怒对方，要顺从对方的话去说，从言语中找出可插入的话题，分散对方的注意力，并尝试获取对方信任，为自己争取时间。总之，尽可能降低对自己的伤害。

岳原：“好的，我记住了，希望自己以后永远不会受到霸凌。如果发现有其他同学受到霸凌，我也随时准备伸出自己的援手。”

当我们把孩子送到学校时，万万想不到孩子会在学校遭受霸凌，这种伤害让家长极为痛心。我们永远无法知道霸凌会在什么时候发生，唯一能做的就是警示教育，告诉孩子既不要欺负别人，也要学会保护好自己。

同时也提醒家长，在生活中获得孩子的信任，和他们有效沟通很重要。当孩子在面对霸凌、面对痛苦时，能够信任父母、相信父母是他们最重要的坚实后盾，只有愿意和父母倾诉才能有效解开心结、反击霸凌。

第9课 小结

（1）校园霸凌并非一个偶然现象，全球32%的学生在近一个月内都曾遭遇校园霸凌，没有任何一个国家的少年可以完全避免校园霸凌。

（2）调查显示，校园霸凌事件中的施暴者大多数是家庭教育缺失，导致孩子性格冷漠、自私自利，缺少同情心。

（3）霸凌会对孩子造成极为严重的心理创伤和终生影响，受害者容易有高焦虑水平、社交障碍，甚至患上抑郁症。

（4）除了推搡、殴打等肢体冲突，勒索钱财、散播谣言、嘲笑、取绰号等都属于校园霸凌的范畴。

（5）不仅是身体有缺陷的孩子，其他类型的孩子也有可能受到霸凌，包括那些家长、同学眼中优秀的孩子。

（6）孩子如果遭遇校园霸凌，内心会恐惧、逃避，不想看到欺负他的同学，会排斥上学，发现这种情况时家长要给予足够的关注。

（7）面对校园霸凌，首先要冷静、机智地应对，最好的解决方法是向家长、老师反映情况或者报警，寻求大人的帮助。

（8）当直面可能的暴力时，要谨记“人身安全永远是第一位”，不要激怒对方，应为自己争取时间，尽可能降低对自己的伤害。

第10课

旅游安全攻略

攻略做得好，安全伴我行

对于小朋友来说外出旅游是一件最开心的事，但是一定要注意自身安全，这些年有关带孩子旅游的事故频频发生，不能不让家长提高警惕。

场景1：春天到了，学校包了几辆客车送同学们到郊外游览，出发前老师反复强调安全注意事项：按顺序排队上车、在车上不要打闹、不要将头和手伸出窗外等。小明忙着和旁边的同学小声商量到地点后两人的游戏计划，根本没听进去老师的叮嘱，一听到可以出发，就高高兴兴上了车，坐在一个靠窗的位置上。

不一会儿车子发动，向目的地行驶。小明新奇地向外张望，看见窗外车子川流不息，他忽然想起部队首长检阅部队的情景，一时兴起，从窗户伸出头去，把手臂伸得更远做招手状，嘴里高喊着："同志们辛苦了……"只听"咔嚓"一下，一辆疾驰而过的车把小明的手掌撞骨折了，小明大声惨叫起来。

场景2：某地，一家人乘坐小型轿车外出旅行，在大道上由南向北行驶中，13岁的男孩儿小钟将身体伸出车顶天窗外玩耍，从行车记录仪中可以清晰地看到，他大半身体都在车顶上面。在通过道路限高横杠时，小钟的身体与限高横杠发生碰撞，不幸当场死亡。汽车天窗设计的主要目的是让车子采光更好、更明亮，在郊外能引入新鲜空气等，而不是让小朋友站在上面享受吹风的乐趣，小钟为自己的不安全行为付出了生命的代价。

带孩子旅游本是一件高兴的事，没想到却惨遭横祸，归根结底都是孩子及其家长缺乏安全意识造成的。

旅游安全评估

每到假期，岳原最盼望的事情就是外出旅游，可以去一个全新的城市，欣赏优美的景色，观看一些当地的特色表演，还不用写作业。尽情地玩耍，真是太棒了！

2023 年学校放假前，老师布置了一项特殊的数学作业，让学生通过真实的经历或想象做一个家庭旅游计划，对各项支出的费用做预算和总结，以锻炼孩子们的数学思维能力。于是我把今年假期的旅游安排交给她，由她来进行各项活动的筹划，岳原兴致勃勃地接下了这个任务。

周末，岳原兴奋地向我汇报她对这次旅游计划的各项安排，从酒店的位置、价格到选择参观的景点、计划参加的活动等，整个安排有条有理、考虑妥当，显然用了心。她胸有成竹地等着我的夸奖，我笑了笑，说："你的假期旅游计划做得不错，但是少考虑了一个重要事项，就是旅游的安全攻略。"

岳原："旅游安全攻略？您的意思是，外出旅游，我们同样要考虑安全问题，在安排旅游计划的同时列出安全注意事项？这个我确实忽略了，不过咱们只是出去玩玩，应该没有什么风险吧？"

岳原反应很快，马上理解了我的意思，但是随即提出了她的疑问。我说："当然有风险。俗话说：出行在外，安全第一。旅游是离开我们熟悉的地方，

「 旅游做好安全攻略 」

到一个相对陌生的环境，安全风险肯定有所增加。每到假期，外出旅游发生事故的情况比比皆是，我们必须提高警惕，在规划旅游行程的同时做好相应的安全攻略，保证我们高高兴兴出发，平平安安回家。”

岳原：“嗯，您说得有道理。最近新闻报道了多起旅游时发生的事故，有国内的也有国外的、有交通事故也有游泳溺亡事故……有些事故是因为疏忽造成的，本不应该发生。但是，我不太清楚我应该在这份假期旅游计划中列出哪些安全方面的注意事项呢？”

在旅行前，我们应提前了解目的地的情况，包括当地的文化、风俗、法律法规等，这样可以避免因为不了解情况而引起不必要的麻烦。可以通过查阅官方指南、网上搜索、翻看地图等找到相关的资料。在做旅游计划时，尽量不要选择一些有危险的城市或郊区旅行，自然灾害频发的地方也要慎重考虑。

有些人为了图新鲜，选择一些“野生景点”游玩，结果招致意想不到的灾祸。前些日子，11 位退休的阿姨相约去某地的“鱼鳞坝”游玩，正在坝上高兴地合影时，上游突然涨水，慌乱中在坝上游玩的人被大水冲走，其中有 7 位老人在这次事故中不幸丧生。其实，所谓的“鱼鳞坝”并不是真正的旅游区，而是水利治理设施，并不适合游览。这类事故频频发生都是缘于人们在旅游方面安全意识的缺失，应引以为戒。

岳原：“我认为，人们去一些‘无人区’之类的地方旅游，更多是出于一种‘探秘’或‘猎奇’的心态，没有充分认识到这些地方潜藏的风险，一不小心把命丢了，实在是得不偿失。外出旅游安全第一，应该始终保持理性，正确评估旅游地的风险后再决定是否前往。”

出游时应严格遵守当地政府及有关部门发布的公告和警示，不得擅自选择一些未开发和未对公众开放的保护区、水库等作为旅游地，自觉抵制到“野生景点”旅游打卡的行为，这些地方会增加我们旅行的风险，要尽量避免前往。

某些国家或地区可能正处于政治旋涡，容易引发一些不稳定因素，这些在出发前都要考虑到。尽量去一些治安情况比较好、自然气候相对稳定、人文环境优越的地方。这类城市或地区的安全系数高一些，发生意外的可能性较低。出发前可以在网上查阅旅游城市安全指数，选择一些安全指数较高的城市，避免前往危险地区。

岳原：“好的，我在选择旅游目的地时会参考这个城市或地区的安全状况，尽量选择一些相对安全的地方。”

出国旅游

岳原：“同学们说，国内的景点去得多了，因此假期很想去国外的城市看看，领略一下异域风光，品尝一下国外的特色食物。从国内到国外，不仅环境差异更大，还有文化习俗方面的不同，旅行的风险更大。

“所以，我觉得如果去国外旅行，不能完全按国内的经验，要因地制宜，做好国外旅游的安全攻略。”

你说得很好。国内外环境差异较大，在出国旅游前要做好充分的安全准备，了解当地的情况，最好提前购买一些必要的保险，以防万一。

国外的文化、习俗跟国内有很大不同。出发前要尽可能多了解旅行目的

「旅游小心偷窃」

国的国情，包括风土人情、气候变化、治安状况、流行病疫情、海关规定等信息，提前做好应对措施。

比如，在泰国不能摸别人的头，泰国人信佛，他们认为每个人的头是灵魂之所；泰国人很尊重王室，如果对泰王室不敬，有可能被抓起来；在新加坡随地吐痰、乱扔垃圾，高额的罚款会让你后悔不已；在印度，牛是神圣的，走路不要撞到牛，更不能佩戴牛制品进入庙宇，最好也不要以牛为拍摄对象；在希腊的景区，禁止爱美的女士穿高跟鞋，以免破坏景区的地面或文物；日本没有给小费的习惯，如果留下零钱，日本人追你三条街也要还给你。

同时，重要证件如护照、签证、信用卡等要随身携带，妥善保管。出发前最好复印一份放在手提包中，原件放在贴身的口袋中。外出时不要把证件直接放在酒店的桌子上，以免丢失。此外，还要注意保管好随身的钱财，以免被盗。

岳原："您不是说过吗，鸡蛋不要放在一个篮子里。要是咱们一家人出行，可以分别在每个人身上装一些钱或信用卡，这样如果一个人被偷了，别的人身上还有'余粮'。而且，把钱和护照分开装，这样万一有事不至于'全军覆灭'。"

你说得很好，出国尽量避免携带大量现金，一些国家针对中国游客的抢劫和盗窃案件频发，有的甚至光天化日之下大肆抢夺中国游客的钱物，这种情况一定要小心。

我的一位同事在法国出差时被人抢走了钱包，里面装着他所有的现金、信用卡和身份证，几经周折才回国。从此他每次出国旅行时，都会将钱包放在酒店保险柜里，只随身携带几张零用的纸币和信用卡，纸币用于支付小额的支出，比如买瓶水，大额的支付则使用信用卡，这样即使被盗，损失也不大。

自驾游出行

岳原："相比跟团或出国游，我个人其实更喜欢一家人自驾游，比较自由自在，想去哪儿就去哪儿，什么时候出发都可以，没那么多约束。"

是啊，现在选择自驾游的家庭越来越多，自驾游不仅能让人们领略到不同地区的风土人情，还可以自己掌握旅游的节奏，因此受到大家的欢迎。但是也要注重行车安全，平安驾车出门，也要平安归家。

有一家三口，孩子参加完高考，一家人约上一位同事，一起高高兴兴自驾出游。行驶到西藏林芝蜿蜒的山路时，由于开车人员对道路不熟和操作不慎，车从悬崖上坠落，车上四人全部遇难。这段盘山公路此前已被禁行并设立了警戒线，但由于环境优美仍然吸引了不少自驾游客，结果发生了悲剧。

所以，自驾游出行时要谨慎选择路线，遵守交通规则，确保行车安全。在出游前应对车辆进行全面的检查和维护，因为车是一家人安全出行的基本保障。行驶时集中精力驾驶，尽可能保持良好的视线，一定要避免疲劳驾驶，道路不熟时，宁可绕路而行也不贸然前行。

暴雨天驾车出行时要减速慢行，尽量不要急刹车；在路边或夜间停车时，一定要检查门窗是否锁好；同时，贵重物品不要外露或留在车内，以免造成有人觊觎财物铤而走险。

岳原："咱们出去时，您不允许我坐在前排副驾驶座，说这个座位比较危险，不适合孩子。但是有些人家外出旅游时，孩子不仅坐在前排，甚至大人抱着孩子一起坐在前排。这种做法是不是太冒险了？"

这样做非常不合适。家长不要把孩子放在副驾驶的座位上，因为在副驾驶前方有气囊，如果发生碰撞，气囊一旦弹出会打伤孩子。当然，更不能大人抱着孩子坐在副驾驶，这样更加危险。

即使坐在后面的座位，孩子也不能坐在大人怀里，而要坐在合适的儿童安全座椅里，这样不仅有安全带的保护，还能有效避免孩子乱动，大大提高了儿童坐车的安全性。为防止孩子路上无聊哭闹，可以提前准备好合适的玩具和零食，及时安抚孩子的情绪。在整个旅行过程中，孩子的身体部位都不能露在车的外面，以免受伤。

此外，应随身携带电话簿，在第一页写下自己的姓名、单位、亲友电话。万一发生事故，救援人员可以及时与亲友取得联系。

岳原："好吧，出去旅游有这么多安全事项，我都有点泄气了，要不然还是待在家里算了。不过，您也说了，'家'也会伤人，这世界没有什么地方是绝对安全的，只能说脑子里要有一根'安全'的弦，久而久之养成了习惯，可能就不觉得累了。"

无论在哪里都可能有危险，安全只是相对的，而不是绝对的。带孩子外出更要注重安全，别让孩子用生命承担大人疏忽的风险。

预订酒店和天气查询

岳原："在预订酒店方面，有没有需要考虑的安全因素呢？"

外出旅游都要预订酒店，这是旅游安排的重要部分。预订时不能光看酒店位置和价格高低，还要考虑这家酒店的安全情况。尽量选择一些有良好声誉和评价的正规酒店，以保证住宿质量和安全。网上搜索一下酒店的位置和环境，可以帮助我们了解酒店的安全状况和便利设施。最好在地图上查询一下机场或火车站到酒店的距离，避免到酒店时间太晚，没有正规的公交车或出租车可以乘坐，而被迫选择一些“黑车”或不正规的车辆，从而增加旅行风险。

据报道，一位女大学生外出旅游，因到当地时间太晚，没有打到正规出租车，只好打了一辆“黑车”。夜间道路上没有灯光，“黑车”走的都是小路，再加上司机一些不恰当的言语，女学生因害怕被拐卖而惊惶跳车，结果不幸摔成瘫痪。

岳原：“太惨了，如果这位女大学生乘坐正规的出租车，就不会出现这种情况了，独自外出一定要预订交通便利的酒店，选择正规的出租车。其实，您说过，如果是独自乘车，上车后应当着司机的面马上给家人打个电话，告知家人目的地和乘坐的车牌号，让家人了解自己的行踪，可以大大提高安全系数。

“而且，这位女大学生即使不小心坐到了‘黑车’，也不应该着急跳车，因为跳车比被抢劫的风险更大。这时候可以一边和司机沟通拖延时间，一边悄悄地发报警信息。面对危险，机智冷静地化解危机比匆忙采取行动更重要。

“去旅行时如果遇到天气变化，也会影响活动安排，是不是我们也需要考虑天气方面的因素呢？”

说得对，天气对我们旅游的安全性影响很大。必须密切关注目的地及途经地的天气情况，特别是关注暴雨、强对流及与之相关联的滑坡、泥石流、山洪等次生灾害发生的可能性。出行之前我们要注意收听天气预报，合理规划旅游路线。但俗话说得好，天有不测风云，即使出发时天气不错，旅游途中还是有可能会遇到天气骤变的情况，要根据情况及时调整行程，尽量避免在恶劣天气外出旅游。特别是户外活动时，要了解活动相关的风险和安全规定，带好必要装备，做好防范计划和措施。

据央视新闻报道，位于巴基斯坦首都伊斯兰堡附近的穆里山是一处著名的风景区，每年冬天都有成千上万的游客前去观赏雪景。有一年，当地突然遭遇暴雪天气，造成数千名游客和1000多辆车被困于雪山之上，至少有20多人在这次事故中遇难。

现在大家在城市里待得太久，假期就希望去一些人少、偏远的地方散心。但是要注意，在汛期暴雨多发时段，不要在山沟、河滩上宿营；在去地势险峻的景区时要看天行事，雨天不要进入峡谷。如果山洪来袭时，不要迟疑，要立即向山坡、高地转移；穿越山谷、人烟稀少地区前要注意安全，最好有熟悉路况的向导指引。

岳原：“如果是坐飞机出行呢？飞机可能受天气的影响更大。”

如果乘坐飞机出行，更要多留意出发地和目的地机场的天气预报，尽可能避开雷雨天气出行；如果碰上雷雨天出行就及早动身，避免途中拥堵；尽量选取雷雨发生较少的早间航班，留足中转时间。

这些都是外出旅游在天气方面需要考虑的因素，提前做好旅游的安全攻略，不仅可以保证我们的安全，还可以提高旅游的舒适度。

学校研学项目

岳原：“这都是家庭旅游的安全注意事项。学校开学后，有一个去外地研学的项目，基本上所有的同学都会参加，老师让我担任我们班级的‘小组长’，协助老师安排一些活动和管理同学。这种研学项目您看我需要注意哪些方面呢？”

这是一件让人兴奋的事啊，小朋友都喜欢参加研学，因为和同学一起外出比和家长一起去更开心。每次活动前老师也会做好充分的安全准备，毕竟这么多孩子，都是父母的心肝宝贝，学校也很紧张，会查询天气预报，做好各项安全措施。

出行的学生较多，因此纪律非常重要。你作为小组长，要提醒同学们有时间观念，及时上车和返回；乘车途中不能大声喧哗，或在车上跑跳、换位置，以免影响车体平衡，妨碍行车安全。到了参观点，要遵守各项安全规定；步行时按照顺序前进，不可擅自脱队单独行动；在水边游玩时，要遵守老师提示的行动范围，注意警告标志，千万不要走到水深水急的地方。

同时，要注意在车辆开动时，身体的任何部位都不能露在车外面，谨防受伤。在上下车时，要注意清点人数，看是不是所有同学都到齐了，如有没到的同学，一定要找到后再回酒店或出发。

有一位叫小勇的同学参加研学项目，乘坐的大巴抵达住宿的酒店后，随车老师、同学均下了车，小勇由于在大巴车上睡着了未及时下车，醒后他发现车上无其他人且车门关闭无法开启，空调处于关闭状态。小勇没带手机，他用力地拍打车窗呼救，但无人应答，最后只得从后车窗跳车，造成右脸、右腿膝盖和右手手肘多处受伤。

所以，外出旅游时要随时绷好安全这根弦，不能因为和老师、同学们在一起，玩得兴奋，就忘乎所以了。

岳原：“好的，我记住了。放心吧，旅游前我会做好安全攻略，开学后学校的研学我也会协助老师做好活动的安排，出行前的任何行动都要考虑‘是否安全’，保证让大家高高兴兴出门，平平安安回家！”

好的，我等着看你更详尽的旅游计划和安排。

第10课 小结

（1）计划外出旅游前，可以在网上查阅城市的安全状况，选择安全性较高的地方作为目的地，尽量避免前往危险地区。

（2）不得擅自选择一些未开发和未对公众开放的保护区、水库等作为旅游地，这些地方会增加我们旅行的风险，应尽量避免前往。

（3）出行前注意收听天气预报，合理规划旅游路线。旅游途中遇到天气骤变的情况，要根据情况及时调整行程，尽量避免在恶劣天气外出。

（4）预订酒店不能只看位置和价格，还要考虑酒店的安全情况。尽量选择一些有良好声誉和评价的正规酒店，以保证住宿质量和安全。

（5）如果独自外出，乘坐交通工具前应给家人打个电话，告知目的地和乘坐的车牌号，让家人了解自己的行踪，可以增加安全系数。

（6）出境游要尽可能多地了解旅行国的国情，包括风土人情、气候变化、治安状况、流行病疫情、海关规定等信息，提前做好应对措施。

（7）自驾游出行时要谨慎选择路线，遵守交通规则，确保行车安全。避免疲劳驾驶，道路不熟时，宁可绕路而行也不贸然前行。

（8）孩子参加学校的研学前，要对其进行安全教育。孩子要遵守安全规定，切勿脱离队伍独自行动，车开动时身体的任何部位都不能露在车外面。

第11课
交通安全（1）
交通规则、道路、自行车和公交安全

道路交通在我们的日常生活中起着举足轻重的作用，随着城市里的汽车越来越多，道路安全问题日益突出。有一句流传甚广的话：行车不规范，亲人两行泪。这句话道出了交通规则的重要性。在世界范围内，交通规则的逐渐完善离不开一个人的贡献——威廉·菲尔普斯·伊诺。

威廉·菲尔普斯·伊诺是一位美国工程师，他从小就对交通工具有强烈的好奇心。1875 年的一天，9 岁的伊诺在马车里目睹纽约市一个十字路口交通堵塞达 30 分钟之久，给他留下了深刻印象。以后他跟家人去旅行时，每到一处，他都细心观察当地的交通秩序，考察交通事故问题，并写下了大量的笔记。

后来，纽约市的警察局请他出面制定交通法规，他在整理自己笔记的基础上，起草了世界上第一个交通法规——《驾车的规则》（于 1903 年在美国正式颁布）。伊诺在制定交通规则的过程中发明了停车标志、人行横道、交通转盘等一系列设施，使得道路出行变得更加安全有序，美国的汽车交通也因此驶入了更加高效安全的轨道。世界各国积极仿效，交通法规随着交通事业的发展而发展，由此威廉·菲尔普斯·伊诺也被誉为“交通安全之父”。

有趣的是，尽管威廉·菲尔普斯·伊诺对近代交通做出了巨大贡献，他却是一个不会开车的人。他的故事告诉我们，有时候缺乏行业经验并不意味着无法在这个行业创造出伟大的成果。让我们在遵守交通规则、保障道路安全的同时，铭记这位伟大的先驱者。

交通规则

在岳原小的时候，我带她上街经常指给她看一些交通安全标识，给她讲解这些标识的意思和作用。久而久之，她对这些标识非常熟悉，可以说最早的识字启蒙就是从这些安全标识开始的。长大后，她不再满足于了解交通安全标识的表面意思，而是开始深入思考并提出问题，为什么要设置安全规则以及安全规则的效果。

岳原：“妈妈，您上次给我讲过世界交通安全之父——威廉·菲尔普斯·伊诺的故事，我们现在司空见惯的红绿灯也是他发明的吗？”

威廉·菲尔普斯·伊诺发明了停车标志、人行横道以及交通转盘等，但是红绿灯并不是由他提出的。

红绿灯的起源可追溯到19世纪初的英国。那时，在英国的约克城，着红装的女人表示“已婚”，而着绿装的女人则表示“未婚”。当时，伦敦议会大厦前经常发生马车轧人的事故。受红绿装启发，英国机械师德·哈特于1868年设计了红、绿两色的燃气交通信号灯，用来维护交通秩序，后来经过人们不断地完善和优化，形成了现在的红、绿、黄三色交通灯。

岳原："原来红绿灯是从女士的着装得到的灵感，真有意思。第一个发明红绿灯的人是伟大的，他用如此简便的方法解决了巨大的交通难题。不仅是他，此后为红绿灯的演变与发展贡献力量的每个人都是伟大的，他们用自己的行动和努力让交通变得更加快捷和通畅！看来，这些交通规则不是很容易就能制定的，而是有着艰难的发展过程。"

实际上我们现在看起来很平常的日常出行，背后都有无数人的辛苦和努力，进而才有了现在世界四通八达的交通网络和高速的经济发展。安全规则是为了保障生命安全和交通顺利进行而制定的，来之不易，一定要好好遵守。

尽管有这些安全规则，现今交通事故的伤亡率仍然很高。世界卫生组织数据显示，道路事故导致全世界每年有 130 万人死亡和 5000 万人受伤，几乎每半分钟就有一人在交通事故中丧生，道路交通事故也是全世界 5～29 岁儿童和青年的"头号杀手"。由此可见，交通安全对于每个人来说多么重要。

岳原："为什么交通会有这么高的伤亡率？我觉得是因为很多人不遵守交通规则。在马路上等红绿灯的时候，经常可以看到乱穿马路的行人；很多人开车的时候也不注重行车规则，这些行为都容易造成交通事故。法律应该对这些行为从重处罚，以降低交通事故率，减少人员伤害。"

交通事故的发生有多种原因，有道路也有人的问题。有些道路在设计和修建上本身存在一些安全隐患，容易导致交通事故，而人的不安全行为也是造成事故多发的重要原因。

从个人的角度来说，要避免交通事故，最重要的就是遵守交通安全规则，

「 过马路不要闯红灯 」

永远不要试图去挑战规则。如果马路上的行人不闯红灯，走路规矩；车辆看见有行人过马路自觉让行，严格遵守开车要求，每个人都自发地遵守交通秩序，形成井井有条的交通流，整个社会逐渐形成良性循环，交通事故率就会大幅下降。

法律可以对不守规则的人进行处罚，但法律无法解决所有的问题，交通安全还要依赖于大多数人的安全意识。所以，家长要对孩子进行安全教育，从小在他们心中埋下一颗“交通安全”的种子。

岳原：“有道理，我们应该如何进行儿童交通安全教育呢？把小朋友们集中起来上课，还是有其他更好的方式？”

儿童交通安全教育有两个目标：一是减少事故的伤亡率；二是培养未来遵守规则的“交通社会人”。青少年交通事故的多发与年轻人性子急、缺乏经验有关，通过全方位、全覆盖的教育，可以让青少年养成良好的交通行为习惯。而且，如果不在年纪小的时候就培养出正确的交通安全意识，成年后他们会成为潜在的“马路杀手”。

让孩子从小就接受交通安全教育，可以将交通安全知识编入语文、数学、美术等科目中，开发一些宣传交通安全常识的玩具，使孩子通过活泼、轻松的形式学习交通安全常识，提高安全意识。在学校里设置专门的交通安全课，每个学生的帽子、书包甚至胸前姓名牌子上贴上醒目的交通安全标志。这既是对孩子的保护，同时也给他们提供了一个从小培养交通安全习惯的环境。

儿童遵守交通规则的自觉性在这样的环境熏陶中一点一滴形成。通过一套从上到下、从小到大、从理论到实践的完整交通安全教育系统，让青少年养成良好的习惯，遇到交通安全事故时能够做出条件反射式的正确避险反应，从而大幅减少交通伤亡。

道路安全

岳原：“真是这样，如果大家都遵守交通规则，一定能大幅降低交通事故率。学校现在非常重视交通安全，校门口有安全辅助人员保护进出校门的同学，对校车也采取了专门的管理措施，目的都是降低交通事故对学生的伤害。

“每次放学时，学校门口都挤满了大量的汽车和行人，有学生是自己步行或骑自行车上下学的，这种情况我觉得要特别注意交通安全，一不小心就可能出意外。”

学校放学的时候人多车多，在校门口发生过多起交通事故，引起了社会的广泛关注。无论是家长接送，还是学生独自上学，都需要重视交通安全。学校附近都有限速标志，提醒司机前方有学校要减速慢行，但学生们不能因此掉以轻心，更不要因为放学了心情放松，过于兴奋而放纵自己到处乱跑。

一定要遵守交通规则，过马路时选择有人行横道的地方，机动车看到人行横道会减速；除了看交通信号灯还要看车，注意避让来往的车辆；过马路时不要着急，讲究礼让，很多事故都是因为行人或机动车争抢才酿成的悲剧。

同时，在行走时要注意汽车的转向灯，这是车辆转弯的重要信号。不要离车辆太近，注意前后左右保持距离。不要图方便去翻越马路边和路中的护栏、隔离栏，过马路时选择过街天桥或地下通道。

这些要求看起来非常简单，但是如果所有家长和学生都能做到，就能避免很多交通事故的发生。

岳原："很多人在过马路的时候不遵守交通规则，想过就过，这种行为不仅危险，还会'传染'。别人不遵守，那我也可以这样做，最后导致更多的人无视安全规定，横穿马路。"

很多人会有一种心理：别人能走，那我也能走。当有人开始抄近路，不遵守规则时，会产生破窗效应，其他原本遵守规则的人也会蠢蠢欲动，跟随效仿。

我们想一想，只为少走几步路、少等几分钟，冒这样的风险值不值得？生命只有一次，遵守交通规则是为自己的生命负责，也是对自己的家人负责。

岳原："有些同学，一出校门就把手机拿出来，一边走路一边看手机或者戴上耳机听音乐，这样做会导致精神不集中，增加了交通事故发生的可能性。我觉得国家应该立法，禁止人们行走的时候看手机，这样就会减少意外事故的发生。"

你说得很好，一边走路一边看手机是不安全的行为，一定要避免这种情况的发生。现在"低头族"随处可见，因为"低头看手机"发生的事故数不胜数。横穿马路本来就容易出事，如果边走边看手机，就会更加危险。在广西就发生了一起因为玩手机不看路引起的车祸：一位 15 岁的少年骑摩托车不仅逆行还看手机，随后撞上一辆大货车，事故造成一人重伤、一人轻伤。交警方面认定，该少年对事故负全责。事故认定后，很多网友们表示：逆行，超速，单手骑车还低头玩手机，把生命当儿戏，警察叔叔判得很公正。

岳原："这种行为必须从法律上严厉禁止，否则会有很多人效仿，造成更严重的事故。"

如果行走时大家忙于聊天、打闹，同样可能发生交通事故。即使三五成群横过马路，也要注意车辆和周边的安全。和朋友一起走时，一些人容易放松对交通安全的警觉，感觉有别人操心就行了。这样做是不安全的，我们永远不能把自身安全完全寄托在他人身上，如果别人也处于和我们同样的状态，后果将非常严重。

不要在路边玩耍、追逐、打球、踢球等，这样不仅会妨碍交通，也有被车撞伤的危险。我们以为驾驶员能够很轻易地看见我们，实际上，汽车存在视野盲区，特别是孩子身量不高，在这些盲区司机是看不见的。危险往往在不知不觉中降临，一旦发生，后果不堪设想。

为了避免意外伤害，一定要遵守交通安全规则，对不文明、不规范的行为主动说“不”，不抢道、不急行，走人行横道或斑马线，虽然多花了一点时间，但保证了生命安全！

自行车安全

岳原：“有些同学家住得不远不近，每天自己骑自行车或共享单车上学，这样既方便还不会堵车，对于这些同学，有什么安全方面的注意事项吗？”

我们小时候都是骑自行车上下学，每天学校开门的时候，伴随着朝阳冉冉升起，门口汇集成一条条自行车流，现在想起来也是一种美好的回忆。骑自行车对孩子们的身心都有好处，既可以锻炼孩子的体能，又能提升孩子的自主能力。只是由于学校交通拥堵，人多车多，要特别注意孩子骑自行车的安全问题。

现在共享单车的出现让人们骑自行车更加方便。但是让人担忧的是，街头未满 12 岁的孩子骑自行车或共享单车的情况越来越多，这是违法行为，家长们知道吗？

在上海发生过一起令人痛心的交通事故，一个骑共享单车的四年级男孩，在某个路口被大客车碾压身亡。这个男孩当时不到 12 周岁，这起事故成为上海首例不满 12 周岁未成年人使用共享单车致死事件，引发了社会上对共享单车安全的广泛讨论。

根据《中华人民共和国道路交通管理条例》的规定，未满 12 周岁的儿童不准在道路上骑自行车、三轮车和推、拉人力车。所以，在道路上驾驶自行车或三轮车必须年满 12 周岁。不到这个年纪是不能骑自行车上路的。

岳原：“就是说，必须是年满 12 周岁的孩子才能骑自行车上路，否则如果出了事故，家长也要承担监管不力的责任？”

“道路”是指公路、城市道路和虽在单位管辖范围但允许社会车辆、机动车通行的地方。如果小区、公园道路允许社会车辆通行，孩子也不可以在路面上骑车。但小区空地、公园空地等不允许车辆通行的地方，孩子可以骑车。

道路上人多车多，不满 12 周岁的孩子骑车经验不丰富，保护自身的能力比较弱，容易出现交通事故。即使家长随行保护，也很难保证孩子不出意外，这是此条安全规则出台的原因。

12 周岁以下的孩子只能在小区之类封闭的环境下骑自行车，而 12 周岁以上的孩子可以在道路上骑车。不管是哪个年龄段的孩子，家长都要向孩子灌输遵守交通规则的重要性。

「 不到 12 周岁不能骑共享单车 」

岳原："我发现，国外小孩子骑自行车时都戴着安全帽，但是在中国很少看见孩子骑自行车戴安全帽的。这是为什么呢？"

一些发达国家的孩子骑自行车的照片，都有一个共同的特征，就是骑自行车的孩子都戴着安全帽。

这是因为在欧美一些发达国家，骑自行车强制要求佩戴安全帽，不戴安全帽是不能骑车的。事实表明，在自行车意外事故中，正确佩戴安全帽能极大地降低事故的死亡率。

美国国家公路交通安全管理局的统计表明，70% 的自行车死亡事故涉及头部受伤，但只有 20%～25% 的骑行者会戴安全帽，骑车不戴安全帽是儿童意外伤亡的最大原因之一。

所以，骑自行车前，要为孩子选择一个合适的安全帽。其大小尺寸要适当，戴上后，安全帽不会随着头部的转动而转到前面或侧面。挑选时，让孩子试戴，合适的安全帽应该是在孩子的下巴和系带之间只能伸进一个指头。无论孩子在哪里骑车，都要求孩子必须戴上安全帽，当孩子习惯后不戴安全帽骑车反而会感到不舒服。

同时，在孩子骑车前注意检修自行车，保持车况良好。车闸、车铃是否灵敏、正常尤其重要。12 周岁以上的孩子骑自行车应在非机动车道行驶，在没有划分线路的道路上，机动车在中间行驶，自行车应靠右边行驶，绝对不能逆行。雨、雪、雾天骑车要格外小心，给孩子穿上鲜艳的雨衣，同时提醒其慢速行驶。

公交车安全

岳原："很多时候，我们也会坐公交车外出，大公交车看起来很气派，但是不是也要注意安全问题？"

公交车在路面行驶时，外界的影响因素很多，要更加注意安全。孩子们要有充足的安全意识，出门提前5分钟，回家也不要怕晚，避免匆忙赶车而造成危险。等公交车时要站在站台或安全线的后面，人多时要自觉排队。

由于公交车底盘高，在行驶过程中会产生多个视野盲区，比如车头正前方、车头靠近大灯位置、车后方等，身形矮小的儿童在这些位置玩耍或通行，容易因驾驶员看不到而酿成悲剧。孩子要避免在这些地方玩耍或候车。

公交车站也是易发生盲区事故的地点，站台前后车流人流较大，受站牌遮挡的影响，若有人突然从站台冲出十分危险，已经发生过多起公交车因视线受限制而碾压孩子的意外，一定要小心。

上车时，注意台阶高度，以及车与站台之间的空隙，避免踏空。学生携带书包等物，可以把书包置于胸前以免包被挤、被盗或被车门夹住；上车后不要站在车门边，更不要靠在车门上，尽量往车里面走。有座位要坐好，如果没有座位，则应到人少的地方站稳，一定要拉住扶手或抓住固定把手，避免紧急刹车时摔伤。

岳原："您以前讲过，坐在靠窗的座位时，经常有人把头、手等伸出窗外，这是特别危险的做法，容易发生事故。"

无论乘坐哪种车辆，坐在靠窗的座位时都不要把身体的一部分伸出窗外，因为相邻车道的机动车彼此之间距离较近，同向或反向车辆错车容易发生擦碰。因此，禁止孩子将头、手等任何身体部位伸出窗外，胳膊也不要放在窗口上。

乘坐公交车，尤其长途汽车，要系好座位上的安全带。不可以和驾驶员闲谈，这样容易分散其注意力，使其对突发事件难以及时做出反应。如果确实需要与驾驶员交谈，前提是不妨碍其安全驾驶。在行驶过程中，不要吃东西或喝饮料，因为行驶过程中的颠簸和急刹车会造成食物或饮料误入呼吸道，有可能造成剧烈的咳嗽或窒息。

记住，下车别着急，先四处张望一下车辆周围有没有摩托车、电动自行车等经过，防止突然下车与驶来的车辆发生碰撞。下车后，走人行横道，不要从车前或车后穿行，汽车启动时很可能发生意外事故。

岳原：“好的，这些我都记住了，外出时会遵守交通规则。像您说的那样，安全无小事，一份小心，万分安心！”

非常好。交通事故就像一只可怕的老虎，它在路上悄悄窥视着我们的生命，只要有一点点的疏忽，就有可能将我们吞噬。因此，一定要增强交通安全意识，如果图一时的方便造成一世的遗憾，就悔之晚矣。

第11课 小结

（1）道路交通事故是全世界5～29岁儿童和青年的“头号杀手”，要对孩子进行安全教育，从小在他们心里埋下一颗“交通安全”的种子。

（2）从个人的角度来说，要避免交通事故，最重要的就是遵守交通安全规则，永远不要试图去挑战规则。

（3）不要离车辆太近，注意前后左右保持距离。不要图方便去翻越马路边和路中间的护栏、隔离栏，选择过街天桥或地下通道安全过马路。

（4）一边走路一边看手机是不安全的行为，一定要避免这种情况的发生。现在“低头族”随处可见，因此而发生的事故数不胜数。

（5）法律规定，在道路上骑自行车或三轮车必须年满12周岁，不到12周岁的孩子不能在道路上骑车。

（6）骑自行车前，为孩子选择一个合适的安全帽，大小尺寸要适当，在自行车意外事故中，正确佩戴安全帽能极大地降低意外事故对孩子的伤害。

（7）公交车在行驶过程中会产生多个视野盲区，身形矮小的儿童在这些盲区位置玩耍或通行时，容易因驾驶员看不到而酿成悲剧。

（8）公交车站是最易发生盲区事故的地点之一，站台前后车流人流较大，受站牌遮挡的影响，若有人突然从站台冲出十分危险。

（9）在车辆行驶过程中，不要吃东西或喝饮料，因为行驶过程中的颠簸和急刹车会造成食物或饮料误入呼吸道，有可能造成剧烈的咳嗽或窒息。

第⑫课

交通安全（2）

地铁、汽车、高铁和飞机安全

壮壮是一个精力旺盛的小男孩，对周围的事物有强烈的好奇心。有一次妈妈带他乘坐地铁去游乐场玩，壮壮对地铁的安全门产生了兴趣，妈妈转身的瞬间，壮壮把手指头伸到了安全门的缝隙里。幸好旁边有位阿姨及时阻止了他，才没有在安全门开启时卡住他的手指。壮壮妈妈吓了一大跳，忍不住大声嚷道："你在干什么？你知道这有多危险吗？你这样妈妈再也不带你出来了！"周围乘客来来往往，小壮壮睁着一双大大的眼睛，满是委屈地仰视着妈妈。

在公众场合，我们经常会听到有些父母对孩子这样大叫大嚷。"你活得不耐烦了吗？你找死啊？你这样妈妈不要你了！"这些侮辱性的话语，除了伤害孩子的自尊心，对孩子的安全并没有帮助，反而可能会激发孩子的逆反心理，使其更加不遵守安全规则。

安全的本质是爱心的体现，是为了帮助和保护孩子，对孩子的安全教育也要从爱和关心的角度出发。孩子是天生的探险家，对周围不了解的事物有强烈的探索欲望，又由于自身的弱小，所以有时会处在一个非常危险的境地，这也是为什么法律要求未成年的孩子一定要有大人的监护。

壮壮这种情况，妈妈可以俯下身，温和地询问孩子："宝贝为什么要把手指伸到安全门里？"壮壮说："因为我想看看门为什么会一开一关。"妈妈解释说："你的想法很好，妈妈说过要注意安全，你想想如果你的手指刚好在里面的时候门打开了，手指会怎么样？"壮壮想了想说："会被门卡住。""对，你的手指会被门卡住，会流血，会非常痛，我们就不能去游乐场而要去医院包扎了。你看安全门上有个标识，就是提醒在门开启时注意手的安全。"妈妈把门上的安全标识指给壮壮看，壮壮非常感兴趣，问了很多关于安全标识的问题。妈妈趁机给壮壮上了一节地铁安全课。

地铁安全

今天我像往常一样乘坐地铁去公司，早上的高峰期地铁站台人潮汹涌，我艰难地挤上车还没站稳，忽然从车厢里面冲出一个着急下车的壮汉，我被他迎面撞击摔了一跤，差点掉下站台，只听得耳边一片惊呼声，幸好我一把抓住车厢门边的扶手，才没掉到站台缝隙，等站稳后还感觉到一阵阵后怕！

吃晚饭时，我给岳原讲述了今天的"地铁遭遇"，她很感兴趣，问我："妈妈，连您这样的'安全专家'都会遇到这种情况，看来风险真是无处不在。那么在乘坐地铁时，我们应该怎样避免这种情况呢？地铁有哪些安全注意事项？"

是啊，意外猝不及防，一个恍惚间就可能发生。往常如果看到地铁这一班车内非常拥挤，我会在站台上等下一班车到了再上。今天因为上午有会议赶时间，着急上车就遇到这种情况。所以，乘坐地铁出行，能够错开高峰期是最好的，人流量小，危险就相对较少。

等地铁时，要在安全线外等候，不要站在站台边缘。上下地铁时要特别留意列车和站台之间的空隙，不要冲抢。列车到站后先下后上，有序上下车。注意避免脚踏空卡进空隙里，特别是在列车即将关门时，千万不要紧急冲上车，这个时候收不住脚，很容易绊倒或挤撞到其他乘客。

平时上下地铁不要争抢，脚步抬高点、跨大点，以免踏空绊倒。携带行李箱或婴儿车的乘客，上下车时稍微抬一下，以免轮子卡进空隙里。身边有小朋友同行时，应牵着手或把小朋友抱起来一起上下车，不要让小朋友独自上下车。

上海地铁曾经发生一起意外事故，一名年轻女子上车时一脚踩空，大腿被卡在了列车和站台之间的缝隙里，幸运的是，地铁工作人员立即采取了措施，成功解救了这位女子，她没有受到严重伤害。

岳原：“乘客的大腿被卡在地铁轨道缝隙里，那真是够惊险了，幸好抢救及时，没有造成可怕的后果。我目睹过一位叔叔在地铁站台上打电话，手一滑手机掉在轨道缝隙中，他想跳下站台去捡被工作人员拦住了。这种情况应该如何处理呢？”

要记住，无论多么贵重的东西掉下地铁站台，都不要自己跳下去捡，那是非常危险的。因为在轨道的行车区间有很多带电设备，人在无防护状态下接近可能发生触电，造成严重的伤亡事故。

当手机或其他随身物品掉入轨道后，不要擅自阻挡车门关闭，以免影响列车行驶安全。可以记住物品丢失的站台门编号，向车站工作人员寻求帮助。车站工作人员在当天运营结束后，在确认接触轨道断电的情况下，会取回物品并联系失主。所以，上车时尽量拿好自己的手机等随身物品，如果不小心物品掉下轨道也不要着急，记下位置并告知工作人员，耐心等待即可。

「 不要冲地铁门——危险！ 」

岳原："如果发现有人掉进站台轨道时，或是其他紧急情况，我们是不是可以按下地铁的'紧急停车按钮'来呼救？"

不错，小时候给你讲过地铁的紧急停车按钮，你还记得。紧急停车按钮为醒目的红色，并带有一个警告标志，通常位于地铁站台层的墙面或立柱顶端。当发生车门卡住人或其他危及人员安全的紧急情况时，可以使用这个按钮。

一旦紧急停车按钮被按下，地铁控制中心会收到一个紧急停车信号，在站列车将无法发车，准备进站或者出站的列车也会自动以最快速度紧急制动。如果非紧急情况使用，会造成列车晚点，而且在列车急刹车的过程中，乘客也容易由于惯性倾倒。因此不要在非紧急情况下动此设备，违者要承担法律责任。除了紧急停车按钮，地铁车厢内还有"乘客紧急报警器"，这个按钮位于列车车门或车窗旁，假使在地铁车厢中有紧急情况发生，比如有乘客突然晕倒，按下乘客紧急报警器可与列车司机通话，让司机及时了解车厢内情况，便于采取有效的应对措施。

记住地铁这些按钮的特征和位置，知道如何使用，在紧急情况时可以发挥重要的作用。

出租车 / 网约车安全

岳原："好的，您说的这些我记住了，我觉得平时要养成安全的行为习惯，习惯成自然，遇到生活中的各种情况自动形成条件反射，会下意识地环顾周围，确定没有风险后再进行下一步的行动，就不会莽撞行事，危险自然就降低了。

“现在人们出行乘坐出租车或网约车的情况越来越多，有时候赶时间，坐公交车或地铁来不及，需要自己打车去某个活动地点时，我们需要注意哪些安全事项呢？”

乘坐出租车或网约车出行，不管多么着急赶时间，也要乘坐合法经营的车辆，不要因为贪便宜或赶时间就去坐“黑车”。如果出租车不是按照计价器计费，应该先问好价格，合适再上车，以免后续发生不必要的纠纷。

在火车站或飞机场，出站时会有热情揽客的司机，不确定是不是正规经营车辆时，不要轻易上车。曾经发生过多起非法运营车辆对独自乘车的女性或老年人下手，将乘客骗上车，驶到偏僻地方再抢劫财物的案件，一定要提高警惕，不能图方便就上车。同时尽量避免拼车，因为这些看似拼车的人可能和司机是一伙的。如果单独乘车，不要随身携带大量现金及贵重物品。

一个人出门，即使坐正规出租车，也要用手机把车牌号和车辆概貌拍下来，发给朋友或者家人。养成上车后报备的习惯，给自己的朋友打电话或者微信发语音，在通话中“巧妙地将自己所乘车辆的信息”告知朋友，要让司机听见你的对话。

岳原：“我知道了，这样做对司机可以起到‘敲山震虎’的作用，如果是一个有坏心的人，就可能打消做坏事的念头，这是一个好办法。”

上车坐车的后座，不要坐副驾驶座，这样可以与驾驶座保持一定的安全距离。最好坐在司机背后的位置，因为如果司机产生歹念，这个位置发动袭击最不方便。

随时注意行车路线，很多人上车后就自顾自地玩手机、听音乐，甚至有困意就睡觉，在夜间或一人单独坐车的情况下，要避免这种行为。上车后打起精神，注意观察司机行驶的路线，发现不对随时在大马路有人的地方喊停车。

岳原：“我发现有些司机很喜欢聊天，什么都问，你在哪儿上学，上几年级了，这种情况下我们是不是需要保持警觉，不能什么都说？”

当然需要，有的出租车或网约车司机喜欢聊天，上车后会热情地和你攀谈，问你来这儿干什么等，要保持一定的警惕心，不要有问必答。如果在车上和司机聊天，不要主动谈及个人信息，包括自己的姓名、学校、家庭住址、父母的姓名和电话号码等。在车上打电话也要注意，通话中尽量不要涉及财产等隐私信息，要记住“财不外露”，随意透露个人信息可能会对自己的财产和人身安全带来不利的影响。

如果在车上发现异常情况，如行驶方向不正确，一定要告知司机或找机会提前下车，千万不要因为害怕而选择开门跳车，可能会更加危险。感到危险时，要以最便捷的方式迅速报警求救，比如打电话、发短信、发语音、发送 QQ 消息等，一边用语言拖住对方，一边等待救援。

私家车安全

岳原：“这样比较起来，好像还是坐自家的车最好，既舒服又安全。现在班上很多同学家里都有汽车，乘坐私家车出行有什么安全方面需要注意的吗？”

有些家庭开车出门会把小孩安置在副驾驶位置，因为视野好，孩子可以看到前方景色而更兴奋，但这种做法是不对的。因为前排座椅配备了安全气囊，它会在强烈碰撞时自动弹出，保护驾驶员和副驾驶人员。安全气囊弹出时的冲击力非常大，对于正在发育的儿童来说，他们的骨骼无法承受这样的力量，很容易受伤。

据报道，合肥有一家人去江西自驾游，途中与一辆面包车发生碰撞，撞击瞬间产生的巨大冲力让副驾驶座的安全气囊弹了出来，被抱坐在副驾驶位置 2 岁的儿子乐乐被气囊击中，导致颅脑损伤、颅内出血，今后的智力和运动能力都严重受损。听到医生的话，乐乐的爸爸后悔不迭。

岳原：“如果时光能够倒流，这个爸爸一定不会让儿子坐在副驾驶的位置，而会将他安置在儿童座椅上，可惜一切都晚了。”

有些人觉得在汽车上给孩子系上安全带就可以了，不需要花钱购置安全座椅。但是汽车座椅上的安全带是专为成年人设计的，并不适合儿童。孩子使用成年人的安全带，尺寸不合适，在汽车发生猛烈碰撞时安全带起不到保护的作用，反而会伤害到孩子的胳膊和脖子，甚至会直接造成孩子窒息和死亡。

最好的选择是让孩子坐在后排座位，根据孩子的年龄、身高、体重等配备合适的儿童安全座椅，并用特制的安全带将孩子固定在座椅内，有效保护孩子的安全。

岳原：“如果家长有事下车，能把孩子单独留在车上吗？”

父母驾车带小孩出行时，无论任何情况都不能把孩子独自留在车内，哪怕是几分钟也存在着巨大风险。尤其夏季，车内的封闭空间在阳光照射

「 孩子坐好安全椅 」

下温度会直线上升，一旦发生意外，后果不堪设想。湖南一位爸爸开车送女儿上幼儿园，爸爸接了个电话后忘记孩子在车上没有下来，直接下车锁上了车门。下午放学妈妈去接孩子时才发现孩子并不在幼儿园，寻找后发现孩子躺在自家汽车后排的座椅下面，已经全身发紫、没有了生命体征。

所以，在任何情况下都不要把孩子单独留在车内。只要大人离开车，就应该把车停好，把小孩带上，就算只是下车买罐饮料也应该如此。下车时养成查看后座的习惯，独自带孩子出门时，可将重要物品放在孩子身边，提醒自己还有孩子。给孩子准备一个儿童哨子、小喇叭等发声玩具，能让孩子在紧急时吹哨子求救。

岳原："发生这样的悲剧，太令人唏嘘了。这个家长太大意了，怎么能把小孩子独自留在车里呢。家长不仅要提高孩子的安全自救意识，自己也要重视孩子的安全，不能抱有侥幸心理，别因为一时疏忽而造成难以承受的伤害。"

火车和飞机安全

岳原："如果乘坐火车或飞机，空间开阔一些，是不是会更安全一些？"

如果是长途旅行，乘坐火车或飞机会相对舒适，当然也更安全，但不是万无一失，同样还是需要注意一些问题。

火车人流量大，特别是节假日，上下车时不要争抢。在站台候车时，一定要拉好孩子站在站台的安全线内，以免被列车卷下站台发生危险。遵守火车安全规定，不携带易燃易爆的危险品，如汽油、鞭炮等上车。

列车行进中，不要把头、手、胳膊伸出车窗外，以免被沿线的信号设备等刮伤。不向车窗外扔废弃物，废弃物可能会砸伤铁路边的行人和铁路工人，同时会造成环境污染。

注意保管好自己的身份证、银行卡和其他物品，贵重物品放在贴身口袋，出门尽量少带行李和现金。打瞌睡或离开座位就餐、上厕所时，要警惕个人物品和行李被盗，可以请同行的人或邻座帮忙照看一下。

一个人乘坐火车，列车中途停靠站点时，尽量不要下车。不能吃或喝陌生人的东西，自己的饮料要随时拿在手里，不能离开视线范围。如果火车上有紧急情况发生，不要惊慌失措，竭力保持冷静，听从列车工作人员的指引，尽快有序撤离。

岳原："火车和飞机相比，我个人更喜欢乘坐火车，既舒服又安全，一路还能欣赏窗外的风景。而飞机在空中飞行，遇到气流还会有严重的颠簸，好像很不安全。"

从安全统计数据来看，飞机是全球最安全的交通工具，比火车和汽车更安全。同样的交通旅程，飞机事故死亡人数远少于火车事故死亡人数。从空难发生的概率来看，假设有人每天坐一次飞机，要3000多年才遇上一次空难。所以乘坐飞机还是很安全的，只是人类一旦离开地面，天生会对高空有一种恐惧感。

虽然飞机很安全，但是飞机一旦出事，伤亡更严重，所以航空业对安全的要求很高，制定了各项安全规则，比如乘坐飞机时不能携带易燃、易爆、腐蚀、有毒、放射性物品，乘机前还会做详细的安全检查，这些都是出于对乘机人的安全考虑，一定要严格遵守。

飞机起飞前，仔细阅读座位上的安全指南，同时认真倾听乘务员的安全讲解。起飞后 3 分钟与降落前 8 分钟最危险，有调查显示，80% 的空难发生在这两个时间段，在此期间要保持警惕，全程务必系好安全带。飞机遇气流颠簸时，不要过于紧张，这是飞行中的正常现象。颠簸时不要走动，静坐在座位上系好安全带。如果刚好在上洗手间或走动时遇到强气流颠簸，要第一时间找空位置坐下，用安全带把自己固定在座位上，或用力抓住洗手盆、把手等，同时注意聆听乘务人员的安全通知。

现在考一下你，如果乘机前，有熟悉或不熟悉的人说自己行李超重了，或是其他理由，请你帮忙携带一下，能同意吗？

岳原："如果我的行李不超重，又不是太麻烦的情况下，可以考虑帮别人的忙，这有什么不对的地方吗？"

不可以，如果乘机前有人以各种理由请你帮忙携带行李或物件，都不要答应。因为万一其中有违禁品，只要被查到就百口莫辩。有些人在不知情的情况下，在海关出入境时帮他人携带行李，结果被机场安检检查出有毒品，锒铛入狱。我们以为只是举手之劳，帮别人一个小忙，却没想到会把自己置于犯罪的风险中，太不值当了。

另外，很多小朋友喜欢拍照发朋友圈，注意在机场内不要随意拍照片。为了保护机场的运营和安全，许多机场都有严格的规定，禁止在机场内拍照或拍摄，包括安检、飞机航道等。

岳原："好的，这些要求我记住了。飞机的优点是快，几千公里的距离当天可达，以前的人们要想行走几千公里，得花上至少几个月，这样想想飞机还真是便捷啊。"

得益于现代交通的发展，人们的活动范围和交往空间大大地扩展了，有力地促进了世界经济的发展。与此同时，我们也要遵守交通安全规则，做到高高兴兴出门去，平平安安回家来。

通过这些天和岳原的交流，她逐渐认识到了交通安全的重要性。随着我国交通事业的日益壮大，交通安全愈加重要，关系着千家万户的欢乐和幸福。安全宣传教育工作应从幼儿和学生抓起，使孩子们从小就接受交通安全知识教育，达到自己提醒自己，自己管理自己的目的，养成自觉遵守交通法规的良好习惯，可以最大限度减少交通事故的伤害。

养成良好的交通习惯，让"交通安全"这四个字在心里扎根，自觉遵守交通规则，让交通事故从我们的生活中消失！

第12课 小结

（1）侮辱性的话语，除了伤害孩子的自尊心，对孩子的安全没有任何帮助，反而可能会激发孩子的逆反心理，使其更加不遵守安全规则。

（2）要特别留意列车和站台之间的安全空隙，不要冲抢。列车到站后先下后上，有序上下车，要注意避免脚踏空卡进空隙里。

（3）无论多么贵重的东西掉下地铁站台，都不要自己跳下去捡，可能会发生触电，造成严重的伤亡事故。

（4）任何情况下都不要把孩子单独留在车内。给孩子准备一个儿童哨子，能让孩子在紧急时吹哨子求救。

（5）一个人乘坐火车，列车中途停靠站点时，尽量不要下车。不能吃或喝陌生人的东西，自己的饮料要随时拿在手里，不能离开视线范围。

（6）乘坐飞机时要全程系好安全带，如果刚好走动时遇到强气流颠簸，要第一时间把自己“固定”在座位或抓手上，并注意聆听安全通知。

第13课
自然灾害（1）
雷电、暴雨及沙尘暴和雾霾

夏天的一个午后，小伟和几个同学一起去郊区的树林里玩。天气炎热，树林里茂盛的枝叶为他们遮挡了不少的灼热，小朋友们一边聊天，一边吃着从家里带来的面包、喝着饮料，玩得不亦乐乎。不料，天气突变，乌云从远处奔涌而来，瞬间笼罩了整片天空。紧接着，闪电带着雷鸣铺天盖地席卷而来，天地之间挂起了一幅雨帘，大家很快就被淋成了落汤鸡。

小伟和同学们手忙脚乱地躲雨，四处张望寻找避雨的地方，可是附近只有树，找不到可以躲藏的建筑物。眼见雨下得越来越大，远处还传来阵阵雷鸣声，于是大家便一起跑到了一棵最高最大的树底下。这时一个同学的手机响了起来，原来是他的妈妈担心他这么久没回家，问他什么时候回来，外面下大雨了，用不用去接他。同学刚接通电话，没说上几句，小伟就觉得有点儿不对劲，正想出言制止，这时突然一道雷电从天空贯穿而下，击中了这位同学的手机和身体，只听见他惨叫一声便倒地昏迷，距离这个同学最近的另一个同学也不幸被雷电击中。小伟因站得较远而侥幸躲过一劫，但整个人都吓坏了，直到事后被警察发现送回家，他还处于极度的紧张状态中。他没想明白，难道这个世界上，真有“天打雷劈”吗？

防雷电安全

亲戚从老家来北京，晚上吃饭时聊起来一件事。她儿子在某省的一所高等院校任教，一天，两名即将毕业的学生有事外出离校，回来时遇上雷电天气，孩子在空旷的地面用手机给家长打电话，结果引来雷击，两人当场死亡。

家长来学校哭得昏天黑地，却再也换不来孩子的一声回应。雷雨天如何躲避雷击是基本常识，可是这两个已经成年的学生对此却一无所知，他们死于无知，死于对安全的漠视。

岳原：“雷电好像离我们很遥远，没想到在生活中真有死于雷击的。现在人们的生活很难离开手机，在雷雨天气为什么不能使用手机呢？”

千万别以为雷电离我们很遥远，中国国际防雷论坛透露，我国每年因雷击造成的人员伤亡达 3000～4000 人，而且人数一直在上升。夏天雷雨季节，更要特别小心防范雷击的风险。

雷雨天气使用手机出事故的例子比比皆是，据专家介绍，手机主要靠电磁波接收和发射信号，强度很弱且不导电，因此，手机本身不管是通话还是待机状态都不会引来雷击。但在室外，人和手机成为凸起物，手机就可能成为引雷器，原因在于手机中的金属元件易导电，尤其在空旷地，均匀分布的电场容易被手机中的金属元件打破，造成雷袭。

总结起来，手机本身并不引雷。但是！要特别小心所处的位置，如果在野外、大树下或山上，人成了“最高点”，手机就会增加被雷击的可能性。所以，在雷雨天气，尽量不在户外使用电话为宜。

岳原：“那我们应该如何避雷？在雷雨天气怎么能不成为这个‘最高点’呢？”

户外避雷最重要的就是不要成为“最高点”。这是因为雷雨天气，天空中的积雨云在大气中不断碰撞，带有很强的电荷。当电压足够大时，空气就会被击穿，出现剧烈放电现象即为雷电。云层和地面发生放电的时候，喜欢“捏软柿子”，也就是谁距离天空近，谁容易导电，雷电就专门“劈”谁。

所以，下雨天的时候别走在空旷的地方，不要在树下避雨，那是因为在空旷的地方我们就成了“最高点”，在大树底下，大树是“最高点”。成为最高点，或者站在最高点的旁边，就是“雷点”。

在雷雨天气，不宜在旷野中打伞，或高举羽毛球拍、高尔夫球棍、锄头等，会增加人的有效高度，成为“尖端”，更可能遭雷击。

岳原：“真有意思，老天爷也会拣‘软柿子’捏。老师讲过，在雷雨天要尽量少拿金属物质，都是引雷器！”

当周围空旷的时候，不仅是手机，人拿着任何金属导体，有一定的高度，都有可能遭雷袭。因为金属物品属于导电物质，在雷雨天气中有时能够起到引雷的作用，将电流引入我们的身体，不仅对身体会造成直接伤害，还有可能造成心搏骤停等严重后果。

在雷雨天气，要记住远离金属物质，在雨中行走时，最好不要撑金属制的雨伞，或者手拿金属类物品；避雨时要观察周围是否有外露的水管、燃气管等金属物体，不要在铁栅栏、金属晒衣杆及铁路轨道的附近停留。

当然更不能去树下躲雨，高的树木被雷击中的概率较大，当人在树下躲雨时，容易受到伤害。

岳原："如果大雨倾盆，不能去树下，那能去哪儿躲雨呢？"

遇到雷雨天，躲雨应该去装有避雷装置的建筑物，或有金属顶的车辆、有金属壳体的船舱，金属外壳有屏蔽作用，就算闪电击中，也不会伤人。

不要在楼顶避雨，也不要去孤立的棚屋、岗亭或大树下，这都是雷电容易袭击的地方。如果雷打到树上，雷电电流会通过树干导下来，如果有人站在树下，雷电就容易导到人身上，人会被击伤。所以遇到雷雨时，尽量远离大树。如果万不得已，一定要与树干保持至少 3 米距离，下蹲并双腿靠拢，降低电流导到人体的风险。

在旷野尽量不要使自己成为周围的凸出物体，成为雷击的目标。可以双手抱膝，胸口贴紧膝盖，低下头，因为头部较身体其他部位更容易遭雷击。

在户外看见闪电后几秒就听见雷声，说明正处于近雷暴的危险环境中。这时应马上停止行走，两脚并拢并立即下蹲，不要与人挨在一起。如果有塑料雨具、雨衣等，应马上披在身上。

如果在雷电交加时，头、颈、手处有蚂蚁爬走感，头发竖起，说明将发生雷击，应赶紧趴在地上，减少遭雷击的危险，并去掉身上佩戴的金属饰品，包括眼镜、发卡和项链等，放在远处。

「 打雷时快速奔跑十分危险 」

岳原："雷雨天气，在外面空旷的地方能不能快步跑，这样早点到家就安全了？"

雷雨天气，孩子心里害怕，想快点跑步回家是人之常情。殊不知打雷时快速奔跑是非常危险的。雷雨天在外面行走，不要快速移动，更不宜开摩托车或骑自行车。

人的两脚在地面上不同点时，两脚之间会存在电压，当土壤中存在接地电流时，在地面上就会出现跨步电压，快速行走会加大跨步电压的危险。

因为跨步电压，雷电曾引发一场震惊世界的惨剧。1998年，刚果民主共和国首都金沙萨的足球赛中，闪电击中球场，主队的11名球员全部遇难，场边30多人受伤。

所以，雷雨天气应停止户外活动，尽快到装有避雷装置的建筑物里躲避。如果发现有高压电线遭雷击断裂，这时附近的土壤可能存在电流，也会产生跨步电压，这时应双脚并拢跳离。

岳原："哈哈，那不就是人们俗话说的'僵尸跳'吗？我明白，这么做可以减少跨步电压，会更安全一些。那么雷雨天气能继续游泳或者光脚在外面玩吗？"

不行，雷雨天气在河里、湖泊、海滨游泳是非常危险的。因为水是导电的，人体一旦在水里被雷击中，不直接死亡也会休克导致溺水。

雷雨天气不仅不能游泳，在河边洗衣服、钓鱼、玩耍都是很危险的，应该马上离开水域，包括水库、池塘、室外游泳池、湖泊等，到干燥的环境下躲避。

下雨时，小朋友喜欢赤脚走在泥路上，感觉很舒服。但如果是雷雨天，可千万别这么做。这时光脚走路或避雨，会加大雷击的可能性，因为塑料鞋底在一定程度上有绝缘电流的功能。孩子在外面一定要穿上鞋子，万不得已时，也要在脚底垫上塑料袋等绝缘材料。

岳原："好吧，看来只要是雷雨天，还是尽量避免在外面，最好躲在家里，在家里看看电视，等天气好转了再出去。"

不行，雷雨天在家里也并非绝对安全，更不要看电视。雷击可分为打在楼顶上的雷——直面雷击，还有侧面打来的雷——侧面雷，以及球形雷——球雷。现在的房屋都装有避雷装置，主要是避免直面雷击。为了避免侧面雷和球雷，雷雨天要把家里的门窗关上，最好把电路断开，并拔下电源插头，别让电视机、电脑等引雷入室，损坏电器乃至引发火灾事故。

另外，家长要告诉小朋友，雷雨时不要好奇把头或手脚伸出窗外，更不要用手去触摸窗户的金属框架，都可能有危险。落在住宅附近地面的电击会使地下的金属输水管带电，一般家用的管道在一次电击后就会带上大量电荷。

雷雨天，无论是在户外还是在家里，都不能洗澡或淋浴。当人在雷雨天淋浴时，从管道中流出的水就会带电，导致人触电。2008 年 5 月，美国堪萨斯州一位 15 岁的少年在家淋浴时被闪电击伤。

所以雷雨天气，在家里不仅不要洗澡，最好也不要接触燃气管道、自来水管道以及各种带电装置。

岳原："好的，根据学到的雷电知识，我写了一首安全小歌谣，给同学们宣传一下防雷电知识。"

防雷安全小歌谣

雷公电母好厉害，安全知识记心头。
手机千万不能用，尽快关掉为上策。
金属物质会导电，远离轨道和栅栏。
楼顶树下不能去，雷电经常会光顾。
牢记水是导电体，河里水边有危险。
心急不能快速跑，跨步电压风险大。
避免成为最高点，洗澡淋浴都不要。
关闭门窗断电源，风雨过后待彩虹。

暴雨天气

岳原：“如果不打雷，只是连续下暴雨，这种天气是否也很危险？有次下大雨，我去上英语课，看到地面上的积水很深，有下水道的地方还形成了旋涡。”

夏天连续下大暴雨同样很危险，有可能引发城市内涝。城市内涝，是指强降水或连续性降水超过城市排水能力，致使城市内产生积水灾害的现象。

暴雨引发的城市内涝可能产生严重的后果。2012 年 7 月 21 日北京遭遇特大暴雨，多人因为这次暴雨遇难，经济损失近百亿元。近年来，暴雨天气日益多发，对社会生活和经济产生严重的影响，人们需要对暴雨天气提高警惕，注意防范意外事故的发生。

如果遇到下暴雨的天气，尽量不要外出，关上门窗待在家里。如果走在路上，发现雨越下越大，不要着急赶路，找一个安全的室内先躲一段时间，等雨小些再回家。

岳原：“您给我讲了防雷击，那么如何预防暴雨带来的伤害呢？暴雨天气可能年年都有，我们也需要小心防范。”

预防自然灾害，最重要的事是“预警”，因为我们没有办法让老天爷不打雷，或者不下雨，但是随着自然科学的发展，人们可以对天气情况进行预测，这是重要的避险信息。

平时要留意收听气象部门发布的预警信息，我国的气象预警分为 4 级，4 级最低，1 级最高，对应蓝、黄、橙、红四种颜色，严重程度依次增加，分别表示一般、较重、严重、特别严重，蓝色为最低级别预警，红色为最高级别预警。

在听到橙色预警时，就要提高警惕，到了红色预警，那就是最高等级了。这时非十万火急不要外出，如果正在外面，交通优选乘坐公交车。下雨时在道路上行车一定要注意路况，不要靠近有旋涡的地方，以防坠入被雨水冲走井盖的井里。

注意一定要远离电线杆、变电箱、铁栏杆及附近的树木等有可能导电的物体，以防触电。

岳原：“城市内涝主要的原因就是排水不畅，雨越下越大，当积水严重时，我们应该怎么办呢？”

这时要避开任何“低洼”的区域，比如下水道、地下室、地下通道等，这些地方往往积水较严重，应尽量往高处走。在暴雨天气，河流容易发生涨水、洪水等自然灾害。因此，出门时要避免靠近有河流的地方，以防发生意外。

在路上遇到水流较急或有旋涡的地方，极有可能是附近的地下排水系统在排水造成的，例如那些被打开井盖的沙井。这些旋涡非常危险，人们一旦靠近它就有可能被卷进去，而且非常难逃脱，为避免不慎掉入井内，应远离旋涡绕着走。

如果积水漫延至室内，要及时切断屋内所有电源和气源并迅速转移。避险场所尽量选择“高”的地方，比如附近的高地、楼顶；一定要避开“低”的地方，比如不在桥下低洼区、地下通道等地势较低的地方停留。

岳原：“如果是开车或乘坐车辆时，遇到大暴雨，这时怎么办呢？”

在雷雨过大的时候，开车的人会停下车关窗避雨，这时注意不要停在靠近大树、广告牌和电线杆的区域，防止雷击或漏电，不要把车停在地下车库，应尽量选择一些正规的大型停车场。

假如乘坐的车辆被困在积水中，看到涨水时一定要迅速弃车逃跑，因为暴雨天水位上升很快，一旦水位没过玻璃，就很难打开车门了。如果车辆被淹已经打不开车门时，可以寻找车内的逃生锤或其他坚硬物品敲碎车窗紧急逃生。切勿贪恋任何财物或有侥幸心理，一定要记住，生命最重要。

沙尘暴和雾霾

岳原："北方的雷暴、雷雨天气比南方少，但是沙尘暴和雾霾天气比南方多。沙尘暴和雾霾严重的时候，人们外出要戴口罩，学校也不能上体育课。老师说这种天气对健康会有影响。沙尘暴和雾霾是怎么形成的呢？"

我是从南方来的北方，第一次见到沙尘暴时感到很惊讶。只见窗外一片土黄色，什么都看不清，一路沙尘飞扬，能见度极低。外出回到家，脸上好像被敷了一层厚厚的黄沙面膜，嘴里也都是沙土，尘味十足。

沙尘暴天气主要发生在冬春季节，冬春季节降水少，地面干燥松散，抗风能力弱。有大风刮过时，大量沙尘被卷入空气中，从而形成沙尘暴。

现在经过治理，北方的沙尘暴有所好转，但是又出现了雾霾天气。雾霾的主要成分是 $PM_{2.5}$，就是直径小于等于 2.5 微米的微小颗粒物。雾霾的形成原因主要是人为的环境污染，再加上气温低、风小等自然条件导致污染物不易扩散。相比沙尘暴，雾霾的颗粒更小，更容易进入人们的呼吸道，因而危害性更大。

岳原："面对沙尘暴和雾霾，我们需要注意什么呢？"

雾霾天气对人类的健康有较大影响，会引发呼吸道或心血管等各方面的疾病，一定要注意防范。听到天气预报有严重的沙尘暴或雾霾天气时，要减少外出，避免长时间在户外活动。尽量待在室内并紧闭门窗，减少室外污染的空气进入屋内。

如果必须外出，注意采取防风防尘措施，比如戴上口罩和眼镜，用帽子和丝巾遮住头发和身体外露部位。沙尘暴发生时，要远离树木和广告牌，就

天哪！风沙太大了，我什么也看不清！

近寻找商铺或住宅等密闭性较好的地方暂时躲避。不要到处乱跑，尤其注意能见度较低时，不要盲目过马路。

从外面回家后，要及时用清水清理口鼻，更换干净的衣服，保持身体清洁；家里如果有条件，可以在室内安置空气净化器或新风系统。房间内如果进入灰尘，要及时清理，以免造成室内尘土飞扬，吸入呼吸道。

天气干燥时，可以给孩子适当多饮粥汤、茶水和新鲜果汁，补充损耗的水分，抵御外来污染物对身体的侵蚀。

岳原："我觉得要想从根源上解决沙尘暴和雾霾，还得从治理城市污染入手，减少废料和废气的排放。汽车尾气、烟花爆竹、餐饮油烟……这些都会对环境造成污染，成为雾霾的推手。

"只有进一步解决城市污染，提高人们的环保意识，才能有效改善城市空气质量，从根本上解决沙尘暴或雾霾。"

你说得非常好。近年来，经过各地方政府的大力治理，无论是沙尘暴还是雾霾的情况都有所好转，但是这种污染天气仍有可能再次出现，需要我们提高警惕。

环境问题涉及我们每一个人的安全和健康，需要大家共同努力，积极行动起来，减少环境污染。让我们一起打好蓝天保卫战，为没有沙尘暴和雾霾的明天而努力！

第13课　小结

（1）户外避雷最重要的是不要成为“最高点”，谁距离天空近，谁容易导电，雷就专门“劈”谁。

（2）在雷雨天气，不要在楼顶避雨，也不要去孤立的棚屋、岗亭或大树下，这都是雷电容易袭击的地方。

（3）如果发现有高压电线遭雷击断裂，附近的土壤则可能存在电流，会产生跨步电压，这时应双脚并拢跳离。

（4）雷电天气，最好把家里的电路断开，并拔下电源插头，以防电视机、电脑等引雷入室，损坏电器乃至引发火灾事故。

（5）我国的气象预警分为4级，4级最低，1级最高，对应蓝、黄、橙、红四种颜色，严重程度依次增加。

（6）暴雨天气路上有积水时，不要靠近有旋涡的地方，以防坠入被雨水冲走井盖的井里，远离电线杆、变电箱等有可能通电的物体。

（7）假如乘坐的车辆被困在积水中，看到涨水时一定要迅速弃车逃跑，车辆被淹已经打不开门时，可以敲碎车窗紧急逃生。

（8）收到天气预警信息或者听到天气预报有严重的沙尘暴或雾霾天气时，要减少外出，避免长时间在户外活动。

第14课

自然灾害（2）

地震、台风/龙卷风、洪水和海啸

2008年5月12日14点28分，突发于四川汶川的一场8.0级大地震让这座城市瞬间崩塌，顷刻间，欣欣向荣的汶川失去生机，人们赖以生存的家园在弹指间成了一片废墟。

桑枣中学处于汶川的北部，是地震带的中间位置，在这次地震中却创造了一个“奇迹”，全校2300多名师生在短短1分36秒内安全撤离至操场，无一人伤亡。这个“奇迹”是由校长——叶志平创造的，他“厚着脸皮”一次次向教育局要经费，用来修整加固教学楼；他带着师生们一次次做疏散演习，提高安全撤离速度。在山河俱动的大地震中，教学楼没有垮塌！全校师生无人伤亡！

众所周知，灾害来临时，人员规模大、密度高的学校组织学生撤离时极易发生踩踏事件。从2005年开始，这所学校的学生每周都会进行灾害来临时的疏散演练，这一传统桑枣中学坚持了许多年。叶校长给每个楼层，甚至细致到每个班级都做了具体的规定：老师应该怎么组织，指挥者站在哪里，学生摔倒时应该怎样处置……正是他数年如一日的坚持，在汶川地震时救了 2300 多名师生的生命。

有爱才有教育，没有对学生的挚爱，叶志平校长不会把学生的安危捧在手心。不求升官发财，不顾流言蜚语，数年如一日，把学生的安全放在第一位，他被称为“史上最牛的校长”，历史和人民永远会记得他的功绩，记得他为孩子们所做的事。

地震中如何自救

下午 3 点左右，岳原在家写作业时突然感觉书桌在摇晃，并持续了几秒，她以为是楼下装修惹出来的动静。过了一会儿，没听见任何声响，于是她就安心继续写作业了。不一会儿微信朋友圈炸了，大家互相在问：地震了，你感觉到了吗？后经官方报道，这才知道当地发生了 2.7 级地震。

岳原：“原来今天桌子摇晃是发生地震了，我还是第一次亲身经历地震，有一种大地突然颤抖的感觉。妈妈，地震是怎么发生的？为什么这次地震事先没有收到任何预警信息呢？”

地震的发生主要缘于地壳内部的活动。当岩石层的内部发生断裂并产生震动的时候，生活在地面上的人就能明显感觉到大地的抖动，就是我们平时所说的“震感”。

地震成因是地震学科中的一个重大课题，有各种说法，目前大家普遍比较认同的是板块构造学说，此学说把全球岩石圈划分成六大板块，板块与板块的交界处是地壳活动比较活跃的地带，也是火山、地震较为集中的地带。板块构造学说不能解释地壳运动的所有问题，却为地震成因的理论研究奠定了基础，可以解释一些地区为什么地震频发。

地震是自然灾害，具有不可预测性和突发性。虽然自古以来研究地震的科学家们付出了极大的努力，但目前仍无法准确预测地震。地震灾害一旦发生，就会直接威胁我们的生命安全，所以掌握一些地震逃生的知识非常必要。

岳原：“据说地震来临前会有一些征兆，如猫和狗会乱跑乱叫、鱼在水面乱跳、鸟儿也会突然远飞，这些能视为地震前大自然给予的警示吗？”

确实有这种说法。地震，特别是大地震来临前，会有各种警示信息。据说在一次大地震前夕，路上就出现了非常多的蟾蜍，在马路上成群结队地跳来跳去。专家说，动物之所以有这些人类看来很怪异的举动，是因为地震前大地会释放一些次声波，这种次声波人类很难觉察到，而动物却能听见，因此它们会变得焦躁不安，出现各种异常行为。

一些地方在地震时及地震前后都出现了强烈的地光，也叫“地震光”，是地震过程中较常见的一种自然现象，科学家推测地光的出现很有可能是因为岩石在大地震前发生急剧破坏，断裂破坏的岩块沿着断裂面互相摩擦，产生热量并突然释放。

这些现象被人们视为地震前的“征兆”，但目前仍比较有争议，至少还没有一个非常确定的现象是在每次地震之前都能发生、都能捕捉的，因此，目前尚无法通过这些自然界的“征兆”来判断地震是否会发生。

岳原：“这么说地震无法预测，也没有具体的‘征兆’，那我们如何来应对地震灾害呢？”

地震一旦发生，可能一瞬间就地动山摇，我们只能提前做好防震的各项准备，特别是处于板块交界处地震带的地区，要高度重视防震的知识宣传和疏散演习。

平时在屋内高处不要有悬吊物，较高的东西不要垂直摆放，较重的物品要放在低处，家具摆放要牢固，防止震动时高处物品坠落。为了地震发生时有躲避的地方，平时床下、内墙角等处不要堆放杂物。在家中常备一些应急物品，如水、食品、急救包、防寒防雨用品、手电筒、哨子等，并把它们放在家中方便拿取的地方，一旦遇到地震会派上大用场。

岳原："要是真的发生地震，我的第一反应就是跑，跑到安全的地方。这个时候顾不上其他，脑子里一片空白，只想着地震时大楼会塌，跑到空旷的地方可能就安全了。"

遇到地震时，绝大多数人的第一反应就是跑，这很正常。如果住在平房，地震发现得早的话，是比较容易逃离的，这时注意用枕头、软垫或安全帽等护住头部，小心碎玻璃、屋顶的砖瓦等掉下来砸到身体。不要贪恋财物，用最快的速度跑到室外空旷的地方避险。

如果身处高层，则不要盲目往外跑。从感觉到地震到建筑物被破坏平均只有 12 秒，这么短的时间是跑不出去的，可以选择躲在有支撑力的物体下面，比如床、桌子、椅子等，或者一些比较狭小的空间，比如卫生间、储物间等，躲在承重墙的墙根或墙角也可以，但不要躲在衣柜这样密闭的空间内，以免缺氧。

无论发生什么，跳楼都是极其危险的。也不要乘坐电梯，电梯容易因为地震而停电，从而将人困在里面出不来，非常危险。

地震时一定要保持冷静，遵循就近躲避的原则，保护好头部，选择合适的位置躲藏，一旦震动停止，就迅速撤离到安全的地方。

「 家中准备应急箱 」

岳原："地震演习时，学校给我们讲过'生命三角法'，就是当地震灾害发生，建筑物倒塌后会由物体、墙体和地面形成一个狭小三角空间，这个空间被称作'生命三角'，地震时可以躲在里面。这是在室内，如果身处室外时发生地震，我们应该躲在哪儿呢？"

无论是室内还是室外，都要遵循就近躲避的原则。当处于火车或公交车上时，要伏下身牢牢抓住拉手或座椅把手，躲在座位附近。在影剧院、体育馆、商场等公共场所时，要注意避开吊灯、电扇等悬挂物，可以暂时在承重的柱子附近躲避。注意用书包、衣物等顶在头上，抓住一些牢固的物体，以防震动时将自己甩出去。

总结起来就是六字要诀，"伏地、遮蔽、抓稳"。"伏地"指降低自己的重心，避免晃动中摔倒；"遮蔽"指身体或头部要有能起到保护作用的遮蔽物，比如教室里最好的选择就是课桌，桌面能够阻挡坠落物体的直接伤害；"抓稳"指在课桌下要抓住桌腿，避免地震晃动后课桌发生位移。

在晃动停止并确认安全后，才能离开。据悉，地震中的大多数伤亡是人们在进出建筑物时，被坠落物击中造成的。所以，不要着急离开，一定要确认安全后方可撤离。

岳原："如果能离开，只要确认安全，肯定会第一时间撤离。但是，如果这时被压在了废墟下面，要如何逃生呢？"

如果被埋在废墟下面，一定要静下心来，坚信自己肯定能被救出去。设法用木棍、砖石等支撑残垣断壁，以防余震时再被埋压。如果闻到异味或眼前的粉尘很大，可以将衣物打湿后捂住口鼻，向有光亮的地方摸索，看看是否能钻出废墟。如果靠自己无法脱困，就查找我们衣服口袋和周围可触及的地方，看看能否发现食物或水。

不要大喊大叫，否则会增加氧气的消耗，一定要保存好体力。长时间困在废墟中难免会犯困，这时千万不要睡着，保持清醒求生的意念。保持一定的频率，敲击管道或吹响哨子，向外面发出求救信号。

在困难的时候，在绝望的时刻，不能崩溃，不要放弃，要告诉自己，外面的亲人正在声声呼唤，等待我们出去团聚。强烈的求生欲望和信念是自救过程中创造奇迹的强大动力。

台风 / 龙卷风

岳原："除了地震，自然界还有台风和龙卷风，它们威力巨大，破坏性极强。但是台风和龙卷风是一回事吗？台风和龙卷风来临前天气预报能预测到吗？"

台风实际上是一种热带气旋，热带气旋就像水中形成的旋涡，一边绕中心急速旋转，一边随着周围的大气向前移动。风速达到一定程度的热带气旋会被冠以"台风""飓风"等名称，是气象灾害中最具破坏性的灾害之一。

龙卷风是大气中最强烈的涡旋现象，是一种范围很小而风力极大的强风旋涡，它影响范围虽小，但破坏力极大。

龙卷风和台风都是非常猛烈的风，但还是有很大区别的，需要我们根据实际情况采取不同的防御措施。两者形成原因不同，台风是一种热带气旋，由海洋热量和气象条件形成；而龙卷风是一种强烈的气旋风暴，由不同温度和湿度的气团相遇形成。简单来说，台风主要在热带海洋上形成，龙卷风通常形成在内陆地区。

台风有一个逐渐形成的过程，需要时间，因而我们可以对台风的强度、登陆地点、路径等进行预测，进而在第一时间发出警报。但龙卷风行踪比较诡异，说来就来，说走就走，别说预测了，有时连警报都来不及发出。

岳原：“台风的威力这么大，破坏性这么强，假如我们遭遇台风天气，应该怎么办呢？”

首先，注意接收台风天气预报。在台风来袭时最好待在家里不要出门，将门窗紧闭、不要靠近窗户，以免被强风吹破的玻璃划伤。必要时，将家中的插头、电源关闭，以免出现家中进水后引发触电的情况。准备好手电筒、食物、饮用水、急救包等应急物品，以备不时之需。

其次，在台风天气尽量不要外出，路过有广告牌、树木、铁塔、工棚、危旧住房的地方要格外小心，以免被强风吹落的物体砸中。出门最好是步行或者乘坐公交车，开车也最好缓慢行驶。走路时一定要绕开电线杆、路灯、变压器，不要在大树下、墙根、临时搭建的建筑物内躲风避雨，以免发生触电或遭受雷击等危险。

再次，不要在河堤或者桥上行走，避免被强风吹落水中引发溺水危险。

最后，不要认为台风一过就安全无虞了。这时不要随意下水，水源可能会被污染。仍要注意高空坠物，特别是不要到山区去，因为台风后很长一段时间内都有可能发生山体滑坡、泥石流等地质灾害。

「 大风天气尽量减少外出 」

岳原：“台风天气可以预测，人们能提前准备。和台风相比，龙卷风无法预测就更难应付。如果不巧遇到龙卷风，要如何应对呢？”

龙卷风生成和消失都很快，出现时像一条巨大的风柱，如白龙一般卷起漏斗状的巨大旋涡，直冲天空。它的破坏性极强，能瞬间摧毁房屋、刮飞汽车。

遇到龙卷风，我们能做什么呢？一个字：跑。

如果遇上了龙卷风，而且恰巧你还在户外，那就一定要想方设法远离龙卷风。应朝着龙卷风移动方向的垂直方向逃离，如果已经来不及逃离，可以选择地下的空间或场所，如地铁或地下室，比地面上更安全。

乘坐汽车时遇到龙卷风，尽量不要留在车内，最好下车躲避。寻找低洼处趴下，用双手保护好头部，远离大树、电线杆、危房、桥梁等。如果没有低洼地或其他牢固屏障，就伏于地面，闭上嘴和眼睛，保护好脸部，用手护住头部直到风力有所减弱。

洪水/海啸

岳原：“还有哪些自然灾害我们需要注意？有报道，一些地方由于降水量过大，暴发了洪水，一些城市和村庄处于一片汪洋之中。学校在呼吁大家为这些受灾地区的居民贡献力量。”

洪水来袭非常可怕，一般发生在汛期。关注有关雨情、水情、汛情的预报信息，对洪水来临的时机和情况有个基本判断。提前准备好应急包，包中装好急救用品，以及通信联络的工具，如手机、手电筒、蜡烛、打火机、颜色鲜艳的衣物和哨子等。同时，准备足够的饮用水，以及罐装果汁和保质期长的食品，以备物资紧缺时应急。

听从政府的转移号令，把应急包和转移时穿戴的衣物一起放在方便拿到的地方，每个家庭成员都要牢记位置，一旦洪水来袭，就尽快往安全的地方转移。

岳原："同学说他会游泳，就算身陷洪水中也无须害怕，他会尽快游到安全的地方。"

许多没有经历过洪水的人认为，只要会游泳，遇到洪水也没有什么危险。其实不是这样，自然水域及游泳池的水和洪水大不相同，大多数人就算会游泳也找不到方向，无法判断往哪儿游才是安全的地方。而且洪水水流急，水体混浊，夹杂着很多被冲毁的物品，因此在洪水中游泳可能会发生碰撞、划破、擦伤等，甚至让你瞬间失去意识，非常危险。所以绝对不能大意，要坚决在洪水来临前转移到安全的地方。

如果遇到险情被困在洪水中，不能自救就原地待援，通过晃动衣服或大声呼救等方式发出求救信号。不要攀爬带电的电线杆和铁塔，尤其不能手抓电线断头，以防发生意外触电。

岳原："好的，我知道了，不会因为自己会游泳就逞能，在洪水面前会游泳并没有优势，早早转移才是上策。

"不仅是洪水，遇到海啸也一样，会游泳并没有用武之地。如果遭遇海啸要如何应对呢？"

海啸也是一种破坏性极强的自然灾害，是由海底地震、火山爆发、海底滑坡或气象变化引发的。一旦收到海啸警报，即使没有感到异常也要立即离开海滩，快速转移到高处避难。

当我们在海边游玩时，海水退去露出大面积沙滩，深海鱼虾等许多海洋动物会留在浅滩。如果人们兴高采烈地去捡鱼虾或看热闹，也许会遇到危险，因为这些现象可能是海啸来临的前兆。为了稳妥起见，发现异常时要引起警觉，尽快离开海边为好。

在公共场合，应听从管理人员或救灾部门的指示行动。在没有确定安全的情况下，千万不要靠近海边，更不要抱着看海啸的好奇心理在海边逗留，以免危险来临时无法逃脱。

如果在海啸中不幸落水，要尽量寻找并抓住漂浮物，如果没有也不要乱挣扎，尽量浮在水面避免下沉，即使口渴也不要喝海水。

岳原：“我觉得人在这种排山倒海的自然灾害面前毫无抵抗能力，除了逃跑好像没有其他办法。”

对自然界永远要有敬畏之心，大自然的力量是目前人类所无法完全理解和掌握的。我们要虚心地学习和探究，从而更好地尊重大自然。无论是在家中，还是计划出门旅游，注意收听自然灾害的警报和预测，学习安全避险知识，在自然灾害来临时努力做到有备无患、全身而退。

雷电、暴雨、地震、洪水……这些自然灾害来势汹汹，面对它们强大的威力，人类有时会显得渺小而无力。然而，注意收听自然灾害预警，做好事前的各项准备工作，灾害发生时保持冷静，采取积极有效的自救措施，可以大大提高我们在灾害中的存活率。

第14课 小结

（1）在家中常备一些应急物品，如水、食品、急救包、防寒防雨用品、手电筒、哨子等，放在家中方便拿取的地方，一旦遇到地震会派上大用场。

（2）地震发生时，如果住平房，应用枕头、软垫或安全帽等护住头部，不要贪恋财物，用最快的速度跑到室外空旷的地方避险。

（3）如果身处高层，地震时不要盲目往外跑，可以选择躲在床、桌子、椅子等下面，或者躲在一些比较狭小的空间，比如卫生间、储物间等。

（4）地震逃生遵循就近躲避的原则，牢记六字要诀：伏地、遮蔽、抓稳。

（5）台风来袭时待在家里不要出门，将门窗紧闭。如果在外面，路过有广告牌、树木、铁塔等的地方要格外小心，以免被强风吹落的物体砸中。

（6）遇到龙卷风时，朝龙卷风移动方向的垂直方向逃离，如果已经来不及逃离，可以选择地下的空间或场所，如地铁或地下室。

（7）洪水水流急、混浊，夹杂着很多被冲毁的物品，因此在洪水中游泳可能会发生碰撞、划破、擦伤等，甚至瞬间失去意识，非常危险。

（8）一旦收到海啸警报，即使没有感到任何异常也要立即离开海滩，快速转移到高处避难。

第15课

游乐场安全

玩乐不忘安全，警惕潜在风险

游乐场传来阵阵儿童的欢声笑语，对于孩子们而言，这是一个充满梦想、惊喜和快乐的地方。特别是五颜六色的充气城堡，既可以在里面捉迷藏，又可以在上面蹦蹦跳跳，吸引了众多孩子的目光。然而这样看似无害的游乐设施，实则潜藏着许多安全隐患。

在上海一个广场，商家搭了一座大型的充气城堡，外形酷似恐龙，有两三层楼高，孩子们非常喜欢爬上城堡嬉戏玩耍。这座充气城堡有个特别的“恐龙滑梯”，可以从顶部一下子滑下来，比较刺激，吸引了不少孩子。这天下午，有近30名孩子在充气城堡里玩耍，大人在外面等候，突然一阵大风刮来，充气城堡被掀得离开了地面，之后竟然翻了过来，事发突然，很多父母都惊呆了。

充气城堡最终倒扣在20米开外的区域，里面的孩子纷纷摔落至地面，其中一个孩子相当于从两层楼高的地方径直坠下。一时间，哭喊声响成一片，父母们回过神来后，立即奔上前寻找自己家的孩子。不少孩子头部、身体被磕伤，严重的整个头部都淌满了鲜血，有的孩子当场便神志不清。

这次事故共14名伤者被送医救治，其中13名是儿童，伤势最重的一名女孩只有2周岁，万幸保住了性命。

类似的充气城堡已发生过多起事故，因其本身体积巨大但自重极轻，以及周围没有牢固的安全绳索，遇上突然的大风天气很可能会被吹翻。一旦被风掀翻，上面的人轻则摔伤，重则死亡。家长带孩子游玩的同时，应注意游乐设施暗藏的危险，规避风险。

充气城堡

节假日小朋友们都喜欢去游乐场玩，在里面待好久也不肯出来。岳原也一样，她小时候每次经过商场，看到五颜六色的充气城堡和攀爬的孩子们，总是露出羡慕的神色，屡次要求进去玩一会儿，我都没有允许。现在长大了一些，对充气城堡没有那么渴望了，但是今天经过时还是忍不住问我：妈妈，为什么你不让我去户外的充气城堡玩呢？这个看起来很安全啊。

这种充气式的游乐设施一直深受小朋友的喜欢，但它并没有你看起来那么安全，而是有很多安全隐患。在没做好固定措施的情况下，一阵大风就能轻易将其掀倒，已经发生过多起事故。前些日子，河南一游乐园内的充气城堡被大风吹翻，压到在一旁沙池中玩耍的人员，事故共造成2名成年人和4名儿童不同程度受伤。

国内有团队（好奇实验室）做过实验：当侧面风力达到8级（24米/秒）时，便可将一个占地50平方米、500斤重的充气城堡整个掀翻。据国外的实验分析，体型较小的充气城堡，4级以上的风力就能把它们吹跑。

除大风可能将充气城堡掀翻外，这种游乐设施还存在爆炸和摔伤的风险。在极端炎热的天气条件下，经过暴晒的充气城堡可能会受热膨胀，那么就存在爆炸的风险。国外新闻报道过，一个7岁的孩子在玩充气城堡时因爆炸事故死亡。同时，由于充气城堡长期置于室外，风吹日晒雨淋，很多都有了裂痕。它看起来庞大，其实就是几层薄塑料充起来的，一旦漏气或者鼓风机发生故障，迅速瘪下来，孩子跟摔在地面上没两样，极易造成伤害。

岳原："既然充气城堡这么危险，为什么国家不取缔呢？目前没有严令禁止，商场和街头搭设了很多这种类型的游乐设施，如果家长要带孩子进去玩耍，需要注意什么安全事项？"

在一些经济不是很发达的地方，儿童游乐设施相对贫乏，充气城堡因为便宜好搭建，很受当地居民的欢迎。针对这种充气类大型游乐设施，国家也加强了安全方面的监管，对充气设施的锚固和压载系统提出了明确要求。

虽然国家加强了对充气城堡的监管，家长也不能掉以轻心，这方面的安全事故还是屡有发生。首先家长要注意，风大时应该远离充气城堡等游乐设施，更不能入内玩耍，因为即使有固定设备，充气城堡遇大风也容易被折叠、被掀翻甚至被吹飞。

另外，充气城堡内有较多的孩子玩耍时，不要参与进去，因为很多孩子同时玩，除更容易踩伤外，还可能因为超重导致充气城堡破裂。孩子在里面玩时，家长在外面要保持警惕，保证孩子在自己的视线范围内，不要让孩子在里面翻跟头或躺下，孩子也不要在里面喝水或吃东西，避免发生意外。

滑梯和蹦床

岳原："在游乐场所，除了充气城堡，小朋友们还喜欢玩滑梯和蹦床，这些应该相对安全一些吧。"

游乐场是孩子们的乐园，但也可能是危险潜伏的地方。滑梯、蹦床等儿童游乐设施看似安全，如果产品设计不合理，或游玩时不注意防护，也会有一定的安全风险，需要家长提高警惕并注意防范。

擦伤是滑梯中最常见的伤害，有一些滑梯的滑道不是十分光滑，木头滑梯容易出现裂痕或毛刺儿，石头做成的滑梯有凸凹不平的地方，还有花纹……这些因素都可能在下滑过程中对孩子造成擦伤，如果孩子穿的衣服较薄，就会更危险。

有些滑梯比较高，孩子一不留神就可能摔倒；有些滑梯在设计上存在隐患，比如滑道设计过宽，内壁过于"硬直"、坡度过陡等。曾经有小朋友在这种滑梯的下滑过程中，身体不由自主地发生旋转，腿上关节被滑道卡住，当场就疼得大声号哭起来。

家长带孩子滑滑梯前要先观察一下滑梯的状况：设计是否合理以及有没有损坏的地方，确认没问题才能让孩子上去玩。同时，孩子应该穿着合适的衣服和鞋子，身上不能有累赘的饰物，以免被卡住或缠绕在滑梯上。滑下来后要及时离开，不要在滑梯下面玩耍，避免被滑梯上滑下来的其他孩子撞伤。

家长应该在旁边看着孩子玩耍，以便及时处理意外情况。玩滑梯是一项有趣的活动，但是也需要注意防范风险。只有这样，孩子们才能在玩滑梯时享受乐趣，同时确保自身的安全。

「 蹦床也要注意安全 」

岳原："那蹦床呢？同学们都特别喜欢玩蹦床，在户外游乐设施中，这个也是最受小朋友欢迎的。不过，有些同学在玩蹦床时，由于体型较小，下坠时如果不小心会被个头大的同学压伤。蹦床好像也不像看上去那么安全。"

蹦床这项游乐活动相比潜水、蹦极来说，相对安全，比较适合游乐场低龄的小朋友玩耍。只是需要注意，蹦床运动看似简单、安全，但每年都有很多人因此项运动而受伤，轻则扭伤、擦伤，重则脱臼、骨折、脑震荡，有的甚至伤及头颈部造成瘫痪或死亡。所有的运动都伴随一定的风险，还是要提高警惕，不能大意。

进入蹦床前让小朋友先做好热身，重点部位为脚踝、腰部、颈部、手腕及各个关节部位，养成先热身再运动的好习惯。穿的衣服需要注意，身上不能有任何易碎品，小孩子在蹦床上玩时最好不要戴眼镜，小女孩头上的发卡也是危险品，可能在蹦跳的过程中伤到自身，在进入蹦床前最好都摘下来。

儿童在玩的过程中避免出现弯腰或后仰等动作，因为这些动作容易对胸椎、腰椎造成伤害；不要在下落时用手或胳膊接触垫面，以免造成意外。蹦床运动时间一般半小时至一小时即可，不宜过长，长时间蹦跳会让下肢关节韧带持续受压造成损伤，尤其比较胖的小朋友，一旦身体出现不适，就要立即停止游戏。

儿童玩蹦床时，家人或监护人需做好看护。提醒孩子遵守蹦床的游戏规则，蹦床内孩子多的时候不要贪玩，要及时出来。谨记一句话：再好玩的游戏，也要在安全的前提下进行。

游乐园

岳原："环球嘉年华、主题乐园……这些地方充满欢声笑语，都是小朋友们最喜欢去的地方。但是前不久，我们班一个同学从游乐场滑水道滑下来时，腿被滑道的缝隙卡住，最后请工作人员把设备拆掉才把她救下来。真是太惊险了！"

游乐园里孩子多，大型设备也多，安全方面容不得半点忽视。正规的游乐园会有严格的安全要求，对园内的游玩路线、设备设施等进行全面检查，以求万无一失。但与此同时，我们也要懂得在游玩的时候如何保护自己。

近年来，一些游乐园因为设备和管理的问题，发生过多起意外事故。据报道，在旅游旺季的暑假，四川一个游乐中心的游泳池发生垮塌，多名游客落水并被冲入游泳池附近的河中，导致1名高三毕业生因抢救无效死亡、7人住院治疗。本是开开心心地放松玩耍，谁承想却因为意外变成了让人无法接受的悲剧！

需去正规运营的游乐园，并挑选适合自己的游乐设施。一些设施有年龄和身高的限制，游玩前应先看清《游客须知》和规则，了解该项目是否适合自己，如果不适合，就不要盲目玩耍。如果感到身体不适，则不宜乘坐高空、高速运行的游乐设施，千万不要逞强去玩。

人多时依序排队，不要前推后挤，以免摔跤。乘坐中应遵守规则和秩序，听从工作人员的安排，照相机、提包、钥匙、帽子等容易掉落的物品，要提前放入包中收好。坐稳后自我检查一下安全带等装置，游乐设施运行时不可将头、手等身体部分伸出设施外。更不要在游乐设施运行时对伙伴恶作剧，以免伙伴受到惊吓而发生意外。

岳原："即使这些安全要求我们都做到了，如果游乐园里设备出现问题，那还是很危险啊。同学说，他在一个游乐园里玩的时候，游乐园最刺激的项目大摆锤发生了事故，游客被发生故障的大摆锤倒吊在空中长达十几分钟，估计他们这辈子都不敢再玩大摆锤了。"

游乐园的大型游乐设施属于特种设备，因为安全风险高，国家有专门的监管要求和各项安全检查。即便如此，也不能保证绝对不出意外。乘坐前，要观察一下这些设备的醒目位置上有无质量监督部门颁发的安全检验合格标志，有无乘客须知，无标志和无提示牌的不要乘坐。

当游乐设施出现故障或有尖凸物时，应该告知有关人员修复，不可继续游玩，以免造成伤害。在游乐过程中感到身体不适或设备突发故障，要尽力保持冷静，不要惊慌失措、竭力挣扎，要立即用容易引起注意的手势和表情向工作人员示意或者拍打设备呼救，以避免更大的意外伤害。

动物园

岳原："算了，相比游乐园，我还是去动物园吧，看看小动物，给小动物们喂食更开心。在动物园里，凶猛的野兽都关起来了，放在外面的都是一些性情温和的小动物，也更安全。"

动物园同样可能发生意外，比较出名的是北京一家野生动物园的老虎伤人事件。这家动物园的特色是游客坐在车中观赏，动物在各个园区里散养，营造更贴近自然的原生态氛围。

假期里，有一对父母带着孩子和孩子姥姥去这家动物园玩，他们选择了自驾车进入园区。在车子行驶到猛兽区时，孩子妈妈感到有些晕车，就不顾园区警示直接拉开车门往外走，就在她下车的短短十几秒，一只老虎径直朝她扑了过来，面对猛兽这位年轻的母亲毫无招架之力。这时孩子姥姥救女心切，不顾自身安危从车里冲了下来扑打老虎，被另外两只老虎紧紧咬住。最后，在工作人员的紧急处理下，老虎被收入监舍，孩子姥姥因老虎撕咬不幸丧生，孩子妈妈也惨造毁容。没想到本来开心的一次出行却给一家人留下了不可磨灭的阴影。

岳原：“我觉得这件事，孩子妈妈本身要负很大的责任，毕竟这种动物园都有安全提示：不能下车，不能开窗。她在猛兽区不管不顾地往车外走，是造成悲惨后果的主要原因。”

这件事传到网络后，引起了广泛的讨论。这位妈妈因为她的莽撞行为，遭到网友们的攻击，网友认为是她害死了自己的母亲。不管如何，今后她的人生必将背负着沉重的包袱，这是她当初无视规则所付出的惨重代价。

所以，在动物园里要严格遵守各项规定，在景区内一般会有明显的警示牌，不能放松警惕。在开放的野生动物园猛兽区更要万般小心，锁好门窗，切勿因为好奇伸手去触摸动物。

岳原：“如果不是在猛兽区，能投喂食物吗？在动物园里亲手喂小动物的感觉非常有趣啊。”

最好不要在园区给动物投喂食物，游客以为自己在发善心，其实这种行为对动物有害无益。因为游客是根据自己的喜好来选择食物，并不符合动物们的健康要求，比如金丝猴喜欢的是幼芽、鲜叶和各种水果等，而游客却给

「 动物园参观遵守安全规定 」

它们投喂面包和饼干，这种投喂容易导致动物生病甚至死亡。而且在投喂时，如果行为不当，可能会激怒动物导致自己被抓伤或咬伤。

在动物园里拍照时，尽量不要用闪光灯，这会刺激动物的眼睛，如果是马可能会受惊，暴躁伤人。到熊山、狮虎山这样的游览区，一定注意安全，不要太靠前。在游玩过程中，家长要全程陪同孩子，不要因为去洗手间让孩子独处，以防孩子走丢或受惊。

总之，无论是游乐场还是动物园，虽然都是孩子玩耍的天堂，但也存在着各种安全风险，家长在带孩子游玩的同时，一定要保证别离孩子太远，这样即使有异常状况，也能提前注意到并提醒孩子规避，从而避免意外事故的发生。

沙滩

岳原：“说到这里，我想起来国庆假期在上海发生的事件。一个4岁的小女孩在沙滩上玩耍，父亲要去取手机把她单独留下来，等回来时到处找不到女儿，报警后引发了全国范围的找寻和讨论，后来在海里找到了孩子的遗体。看到这个新闻，我觉得很气愤，这个爸爸心太大了，怎么能这么不负责任呢。”

把一个4岁的孩子独自放在海边非常危险，当孩子爸爸再次回到海滩时，孩子已经不见了，留在原地的只有女儿的鞋子和挖沙子的工具。看监控得知，这个小女孩先是等了一会儿爸爸，后来慢慢走到海边，在水边摔倒后消失在海浪中。经过大范围的寻找，几天后再见到孩子时，其已是一具被海水浸泡冰冷的尸体。这件事在网上发酵，网友们异口同声地批评这位父亲，认为是他莽撞的行为导致了女儿的死亡。

这件事给我们最大的启示就是：带孩子出去游玩，家长一定要时刻紧紧牵着孩子的手，无论发生任何事都不能让孩子离开自己的视线。

在海边走失的孩子这并不是第一个。几年前，一对8岁的双胞胎小姑娘到风景区旅游，在当地的一处海滩上玩耍，妈妈低头发个朋友圈的时间，孩子就不见了……找到孩子时，已经是天人永隔。当家长放开孩子手的那一刻，就意味着他们要做最坏的准备。

岳原："可依然有太多的父母根本没有风险意识。我在网上看到一种说法：父母这个'职业'不需要考试，可一旦上岗就是一辈子的事。这份工作责任重大，生活中一个疏忽，就可能危及孩子的生命，想想真是太可怕了。"

父母需要增强风险意识，无论去哪儿，无论出于什么原因，尤其在家庭多人出行的情况下，大人一定要分配好任务，确保孩子每一秒的动向都在大人掌握之中。这样才能尽可能保证孩子的安全。

在此，想跟家长们说一句话：在外面，无论是游乐场、动物园，还是沙滩或其他地方，一定要紧紧抓住孩子的手，你放手的几分钟在孩子的世界里，可能比一百年还要漫长。在外面别留孩子一个人独处，也别和孩子分开过远的距离。

这是在保护孩子，更是在保护我们自己。

第15课 小结

（1）大风等天气不好时，应该远离充气城堡等游乐设施，更不能入内玩耍，即使有固定设备，充气城堡遇大风也容易被折叠、被掀翻甚至被吹飞。

（2）充气城堡内有较多的孩子时，尽量不要进去，不要让孩子在里面翻跟头或躺下，不能让孩子在里面喝水、吃东西，避免发生意外。

（3）家长带孩子滑滑梯前，要先观察一下滑梯的状况：设计是否合理以及有没有损坏的地方，确认没问题才能让孩子上去玩。

（4）小孩玩蹦床的时间不宜过长，量力而行，长时间蹦跳会让下肢关节韧带持续受压造成损伤，如果身体出现不适，要立即停止游戏。

（5）在游乐园里游玩前，应先看《游客须知》和规则，如果不适合，就不要盲目玩耍。如身体不适，则不宜乘坐高空、高速运行的游乐设施。

（6）当游乐设施出现故障或有尖凸物时，应该告知有关人员修复。在游乐过程中感到身体不适或设备突发故障，要尽力保持冷静，立即向工作人员呼救，避免更大的意外伤害。

（7）在动物园里要严格遵守各项规定，在开放的野生动物园猛兽区要锁好车辆门窗，切勿因为好奇伸手去触摸动物。不要给动物投喂食物，更勿通过恶作剧等行为激怒动物。

（8）父母需要增强风险意识，无论是游乐场、动物园，还是沙滩或其他地方，一定要紧紧抓住孩子的手，确保孩子在家长的视线范围内。

第16课

商场安全

都市繁华下的安全隐患

夏天到了，洞洞鞋也重出江湖，其因为轻便舒适又不闷热，成为很多孩子的夏日“神鞋”。5 岁的乐乐就特别喜欢洞洞鞋，穿上去好看跑得又快。一天晚上，家人带着乐乐在一家商场逛街，他想去楼上最喜欢的乐高玩具店，于是就拉着奶奶的手一溜烟跑到商场自动扶梯上，在下自动扶梯时，乐乐突然发出一声惨叫。

原来，在乘坐扶梯时，乐乐的洞洞鞋太靠近正在运行的电梯边缘，右脚连带鞋子一起被卷入电梯，直到听到孩子的大喊声，奶奶才发现出事了。扶手电梯继续在运行，乐乐的脚被卡得越来越紧，正在惊慌失措时，同行的一位男士，一手抱着婴儿，一手按了电梯紧急暂停键，扶梯才终于停止运转。

商场工作人员听到呼救后快速赶到现场，并拨打报警电话。消防员到达后，为避免乐乐情绪波动，一边和乐乐聊天安抚他的情绪，一边使用工具对扶梯进行破拆。经过十几分钟的紧张救援，乐乐成功脱困，随后被送到医院就医，幸好乐乐的脚只是擦伤，医治后，已无大碍。

消防员叔叔说，天气炎热，小朋友出门都喜欢穿凉鞋、拖鞋、洞洞鞋，但是穿这些鞋子乘坐扶梯存在很大的安全隐患。以洞洞鞋为例，这类鞋鞋头宽大，为保证舒适度，鞋体的塑料部分很厚，如果洞洞鞋贴在扶梯侧面，随着电梯行进，洞洞鞋容易被挤压变形，几乎一瞬间就可以被电梯侧面的缝隙吸进去。洞洞鞋刚被电梯夹住时不易察觉，等脚有感觉时已经拔不出来了，很容易造成事故——夹伤脚或身体其他部位。

所以，家长要千万小心，在孩子穿洞洞鞋以及其他较软鞋子外出时，不要乘坐自动扶梯，乘坐直梯为宜。

自动扶梯

夏天到了，天气炎热，户外的太阳晒得人头晕眼花，这时候遛娃的最佳去处是大型商场，里面空调冷气十足，还有各种商品琳琅满目，很吸引小朋友的目光。

这天，我带着岳原去一家商场购物，进了商场，我拉着她的手上了自动扶梯，她突然问我："妈妈，今天出门时，我准备穿那双洞洞鞋，你说今天要来逛商场，让我不要穿洞洞鞋，这是为什么呢？"

因为在商场穿洞洞鞋上自动扶梯很危险。洞洞鞋采用的材质比较柔软，鞋头设计也比较宽大。小朋友穿着这种鞋上下扶梯时，即使站在黄线区内，只要稍稍靠边，鞋就可能和边上的护栏发生摩擦被卷入电梯。

早在 2008 年，美国《小儿整形外科》杂志的一份研究报告指出，美国 76% 的电梯事故与洞洞鞋有关，引发的伤情包括截肢、骨折、皮肤脱落、挫裂创和神经损伤等。我国也发生过多起儿童穿洞洞鞋乘坐扶梯时的意外事故，而且一旦卷入后，电梯的安全装置可能无法及时使电梯停运，鞋会越卷越深，如不及时施救，会有严重后果。

据报道，一个小男孩欣欣在某商场乘坐自动扶梯时，脚上穿的是一双洞洞鞋，鞋头很宽，鞋子很软，结果孩子的鞋不小心被扶梯夹住了，孩子伸手去拉鞋子的时候，3 根手指被夹断。孩子缺少自我保护意识，搭乘扶梯时经常蹦来蹦去，不注意自己的脚踩在什么位置，面对危险又缺少足够的应急能力，因此最容易发生扶梯伤害事故。不仅仅是洞洞鞋，只要穿软底鞋、拖鞋、鞋带较长或者有装饰品的鞋乘坐扶梯，都要小心被电梯缝隙卡住。因此，建议家长不要带穿这种鞋的孩子乘坐自动扶梯上楼，可以改乘直梯。

岳原：“真没想到穿洞洞鞋上扶梯会这么危险，商场的扶梯看起来运行速度并不快，竟也会发生意外事故。除了不要穿这种类型的鞋子，乘坐扶梯还有其他安全注意事项吗？”

商场扶梯的方便性不言而喻，但是发生意外事故的情况并不少见。乘坐自动扶梯时，不要图方便将儿童放在婴儿车或购物车中，容易发生车子下滑的事故，对孩子可能造成严重伤害。家长可以将孩子抱在怀里，或者选择乘坐直梯。

当站在扶梯上时，家长应握住孩子的手，最好让孩子站在自己的身体前方，在自己的视线范围内；教育孩子不要踩在黄色安全警示线外以及两个梯级相连的部位，因为这里最容易被卡住；更不能在扶梯上玩耍打闹。

夏天女孩儿穿长裙或者手拎物品乘坐扶梯时，要留意裙摆和物品，谨防被挂住，确保孩子的裤子、外套、丝巾等不会被绞入电梯；让孩子不要倚靠扶梯侧面裙板，更不能将手放入梯级与裙板的间隙内，以防被电梯卡住；在扶梯上小朋友手里不要拿东西，比如手机、掌上电脑等，因为如果东西

「 自动扶梯不是玩耍的地方 」

掉了，孩子会下意识去捡，在一直运转的电梯上可能会被其他人踩踏以致受伤。所以为了安全起见，在乘坐扶梯的时候，家长可以先帮小朋友把东西收好，等下扶梯后再还给孩子。

岳原：“如果在扶梯上出现意外，比如鞋子被电梯卡住，情况很危急，这时应该怎么办呢？”

这时最重要的就是让扶梯停止运行，否则越卷越深，后果不堪设想。在扶梯的上下出入口都有一个红色的紧急制动按钮，当发生危险和意外时，应首先果断按下紧急按钮，使扶梯停下来，并及时向商场工作人员求救，寻求帮助。

家长要教导孩子正确乘坐扶梯，告诉孩子扶梯不是可以玩耍的地方，不要在扶梯上逆行、攀爬、玩耍、倚靠或抢行。孩子好奇心强，但安全意识淡薄，家长要对存在危险因素的地方予以警惕，一时疏忽大意可能造成无法挽回的后果，悔之晚矣。

直梯

很快到中午了，我们想到商场六层的餐厅去吃饭，扶梯要一层层地往上走，岳原有点不耐烦，就拉着我去坐直梯。在等电梯的时候，她说：“妈妈，直梯会出意外吗？我们乘坐这种电梯有什么需要注意的地方？”

电梯给人们生活提供诸多便利的同时，也存在着一定的安全风险。前些日子，在一家商场就发生了电梯坠落事件，有人不幸在这次事故中去世。因为直接关系到乘坐人的生命安全，直梯和扶梯一样，都属于特种设备，国家在这方面有严格的监管，电梯内配备了各种安全保护装置，也无须过于担心。

我们需要注意，搭乘电梯应遵守公共秩序，有序乘梯，如遇到电梯轿厢人满，应自觉等候下一班电梯；不要着急反复按电梯按钮，会对电梯的灵敏度造成干扰；出入电梯门的时候动作要迅速，电梯感应不到有人出入就会自动关门，如果动作慢了容易直接夹到人，造成伤害；出入电梯的时候有序上下，不要推搡拥挤，以免发生夹伤、踩踏等事故。发现电梯发出异响或开关有故障时，尽量避免乘坐。

有些小朋友出于好奇，会用手推扒电梯门，这样做非常危险，容易被电梯门夹伤，大人一定要看好孩子。电梯的运行是靠缆绳拖拽牵引的，如果在电梯里面蹦跳有可能让电梯突然停运，使电梯的缆绳发生故障，急速上升或急速下降，后果可能会很严重。家长可以抱着儿童，或者拉住孩子在自己的前面站立等待，约束孩子不要在电梯内玩耍嬉闹。

岳原：“如果乘坐电梯时突发故障，比如电梯停在楼层中间，人被困在电梯里面出不来。这个可能还好，同学说他遇到过电梯急速下坠的情况，感觉双脚要离开地面一样，吓得他魂不附体。电梯发生故障的情况下我们应该如何自救？”

电梯困人，有时是因为停电，有时是设备故障的原因，在电梯安全保护装置的作用下，使电梯停止运转。当乘客被困在直梯内时，不要惊慌，立即按响电梯轿厢内的警铃，与电梯工作人员取得联系；或者快速按下紧急呼叫按钮，若按钮失灵，可尝试用手机等通信工具求援。不能擅自采取撬门、扒门等错误的自救行为，会使自己陷于更加危险的境地。除此之外，注意倾听外面的动静，如有行人经过，可以拍打电梯门或设法发出响声引起他们的注意。

乘坐电梯最可怕的是急速下坠，有一种坐“跳楼机”的感觉。这时，应迅速把每层楼的按键都按下，当紧急电源启动时，电梯会停止下落趋势。头、背部紧贴电梯内部呈一条直线，将电梯墙壁作为脊椎的防护。如果电梯有扶手，要紧握扶手，防止电梯下坠过程中因重心不稳而摔伤。如果电梯内没有扶手，可以用手抱颈避免脖子受伤。这时膝盖要呈弯曲姿态，脚尖点地、脚跟提起以减缓电梯下坠的冲击力。

我们现在几乎天天乘坐电梯，遇到电梯故障的可能性很大。记住几句电梯故障的自救口诀，关键时刻用得上：电梯突停莫惊慌，电话呼救轻拍门。切莫急躁自泄气，互相支持找救援。忽然直坠跳楼机，层层楼键快速按。头背紧贴电梯壁，手抱脖颈半蹲下。

旋转门和音乐喷泉

岳原：“刚才我们进商场时，我看到一个学龄前的小女孩儿对商场的玻璃旋转门产生了兴趣，不停地在旋转门里来回跑转着玩。后来商场的工作人员走了过来，制止了小女孩儿玩耍，将她带出了旋转门。

“这个小女孩把旋转门当成旋转木马来玩，好像不太安全啊。在旋转门转动过程中，万一夹着她怎么办呢？”

你说得对，自动旋转门看似转速缓慢，但存在一定的风险。我曾目睹一个上初中的男孩儿脚被紧紧地卡在旋转门里，这个男孩儿与小伙伴嬉戏打闹，围着旋转门前后追跑，结果不慎脚底打滑，左脚卡入旋转门中，疼得哇哇大哭。报警后消防人员利用撬杠慢慢地将门框顶起来，费了好大一番功夫才将男孩儿的脚成功抽出，因为受到很严重的夹伤，小男孩有一段时间内都不能去上学了。

还有的小朋友玩游戏时，将旋转门来回推转着玩，门越推越快，其中一个小孩儿想离开时，脑袋被快速旋转的门夹住，右耳发生了撕裂，被送到医院紧急处理。

岳原：“旋转门不是玩具，不能当成旋转木马来玩。这些父母完全没有安全意识，也没有让孩子遵守安全规则，导致了这样的后果。”

在进入旋转门时，一定要按秩序，千万不要在门快关闭时强行进入，确保在门开启后有一个人以上的空间时快速通过旋转门。幼小的孩子通过玻璃旋转门时要有家长陪同，切忌在门内停留玩耍，尽量让孩子站在中间，不要靠近门缝，以免发生危险。

如果遇到小朋友被玻璃旋转门卡住手脚的情况，要第一时间断电，及时安抚孩子的情绪，并拨打 119 报警求助！最重要的是，不要纵容孩子把旋转门当成大型玩具来玩，平时要对孩子做好安全教育。

我们当时一边聊着旋转门的话题，一边往商场门口走，这时音乐声响起，传来小孩子的欢呼声，原来商场的露天喷泉开放了。随着有节奏的音乐声，喷泉展现出各种各样的姿态，迎来人们的赞叹。只见喷泉徐徐从平地上喷射出 1 ～ 2 米高的水柱，在这炎炎的夏日，为人们带来清凉的水丝儿。

周围的小朋友们高兴极了，纷纷跳入喷泉的水柱中，在里面欢跳、转圈、互相泼水；喷泉暂停喷水时，有的孩子用小脚踩住喷水孔，等待着喷泉再次喷发。不一会儿孩子们的全身就被淋得湿透，但他们非常开心，家长在一边欣慰地观看，还拿出手机给孩子拍照。

我对岳原说：“这些家长不知道露天喷泉有安全隐患吗？小朋友不能在喷泉区域内玩耍，这很危险。”

「 不要在喷泉处嬉戏 」

岳原："音乐喷泉能有什么危险？都是水而已，现在是夏天，又不用担心小朋友们会感冒，妈妈您是不是对安全过于紧张了？"

不是我过于紧张，而是无论什么类型的喷泉，肯定是靠电来提供动力的，一旦喷泉的电缆接头处没有处理到位，或者出现破损老化等问题，很容易发生漏电现象。喷泉一般会有防水及漏电保护装置，但不能保证绝对有效。

一小区有景观喷泉，一个小女孩儿在喷泉里玩水时不幸触电，孩子的母亲和奶奶上前营救也遭电击。经过医生的全力抢救，这个小女孩还是不治身亡。喷泉有漏电的风险，而且有些喷泉的喷水压力很大，可能在瞬间将孩子顶上去再摔下来，所以，对于喷泉，只可远观，不能近玩！

"来，你来看一下，喷泉这边立有警示牌。"我指给岳原看，商场在喷泉一侧设立了一个水牌，水牌正反面都醒目地提示了喷泉开放时间，同时也写了"观赏喷泉，漏电危险，请勿戏水"的警示语，但是围观的大人小孩似乎只顾着凉快好玩，对商场的提醒视而不见，警示效果并不理想。过了一会儿，警卫走过来，拿着喇叭呼喊让小朋友们离开喷泉区域，家长这才带着依依不舍的孩子走开。

衣物和玩具

周末的商场人来人往、熙熙攘攘，有些父母在给孩子挑选合适的衣服和玩具，我们穿梭在其中。在一家童装店里，一个小男孩正在试穿帽衫，这件帽衫带有抽绳，可以把帽子收紧或放松。小男孩穿上后把帽子戴上又取下来，对着镜子左照照右照照，显得非常神气。父母笑得合不拢嘴，说："这件好，我儿子穿上真帅气！"

我刚好从旁边走过，忍不住说了句："这件衣服不要给孩子买，有安全隐患。"孩子妈妈听到后倒没有生气，她转过头很认真地问我："挺好的一件衣服，您觉得有什么问题吗？"

"这种带拉绳的卫衣、帽衫比较危险。幼小的孩子穿着这样的衣服出去玩，衣服的拉绳万一被钩住很容易导致孩子受伤，国内外都有很多这样的案例。给孩子买衣服，附件越少越好，也不要给孩子围过长的围巾，容易因踩到围巾摔跤。"我指着衣服上的抽绳演示给这位妈妈看，抽绳可能被钩住或挂住，从而勒住孩子的脖子。孩子妈妈恍然大悟，连声向我道谢，并让店员拿件没有抽绳的童装让孩子试穿。

我带着岳原离开，岳原问："妈妈，买衣服也需要注意安全吗？"

那当然了，像这种抽绳类的衣服坚决不要买。而且，孩子的衣服装饰元素越少越好。一方面，这些装饰元素容易被挂住发生危险；另一方面，好奇心强的孩子可能会把它们扯下来，放到鼻子、耳朵或嘴里，甚至吞下去，只因为这些装饰品闪亮耀眼。普通的纽扣对孩子也隐藏着一定的风险，衣服上的纽扣并不总是缝得很好，购买后要认真检查，发现有松动的情况要赶紧加固。所以，智慧的妈妈懂得在为孩子选衣服之前，一定要先帮孩子"排雷"。

岳原："玩具呢？有些玩具可能也有安全隐患，是不是也要注意？"

有一些玩具也存在安全风险，不要购买。比如磁力珠，因为自带磁力，玩的时候可以摆成任何造型，受到很多孩子的喜爱。但磁力珠比较小，表面很光滑，孩子在玩的时候很容易误吞，吞进肚子里的磁力珠可能在肠道的不同位置相互吸附，在肚子里成团、成串存在，非常危险，不适合 14 岁以下孩子玩耍。

孩子间经常会流行一些特别酷炫的玩具，比如，有一种玩具能射出五彩斑斓的光带，在墙上照射出漂亮的光线、光斑，没错，它就是激光笔。激光笔的"杀伤力"是非常强的，使用不当可导致眼睛失明。杭州一个 10 岁的孩子，仅仅 20 秒照射，视力就从 1.0 下降到 0.1；南昌一个 9 岁的孩子，也是被激光笔不小心照到眼睛，导致左眼失明，而且这种损伤是不可逆的。

生活中除了激光笔，还有激光手电筒、激光舞台灯、带激光的玩具……这些其实都存在激光的危害，坚决不能购买，同时要禁止孩子和伙伴一起玩这类玩具。总之，孩子的安全家长要时刻放在心上。

岳原："要是这样紧张儿童安全，很多家长会说，感觉哪儿也不敢带孩子去了，什么衣服和玩具都不敢买了。"

并不是说这些地方就一定会发生危险，也不是所有的衣服和玩具都有安全隐患。只是，我们知晓了风险，了解孩子对未知事物的好奇，才能更好地保护孩子的安全。因为危险发生的概率很低，但一旦发生，对于孩子来说，伤害就是 100%。

时时刻刻地灌输和引导，让孩子保持安全警觉性。不要觉得孩子太小不懂安全隐患，只要家长一直强调，孩子就一定会有安全意识，这才是父母应该给孩子以及能够给予孩子最有保障的爱！

第16课　小结

（1）穿洞洞鞋、软底鞋、拖鞋、鞋带较长或者有装饰品的鞋乘坐扶梯时要小心，尽量不要带穿这种鞋的孩子乘坐自动扶梯上楼，可以改乘直升梯。

（2）要有序出入电梯，不要推搡拥挤，否则容易发生夹伤、踩踏等事故，发现电梯有异响或故障时，尽量避免乘坐。

（3）电梯急救口诀：电梯突停莫惊慌，电话呼救轻拍门。切莫急躁自泄气，互相支持找救援。忽然直坠跳楼机，层层楼键快速按。头背紧贴电梯壁，手抱脖颈半蹲下。

（4）旋转门不是玩具，不能当成旋转木马来玩。要按秩序进入旋转门，不要在门快关闭时强行通过。

（5）如果遇到小朋友被玻璃旋转门卡住手脚的情况，要第一时间断电，及时安抚孩子的情绪，并拨打119报警求助。

（6）喷泉设备通常使用电作为动力源，有漏电的风险，不能保证绝对的安全，只可远观，不能近玩。

（7）带拉绳的卫衣、帽衫比较危险。给孩子买衣服，附件越少越好。不要给孩子围过长的围巾，否则容易因踩到围巾而摔跤。

（8）不要为孩子购买磁力珠、激光类玩具，在购买玩具时，要注意有安全隐患的玩具不能买，并告知孩子不能和小伙伴一起玩这类玩具。

第17课
饮食安全
饮食不卫生，疾病会丛生

19 岁的小辉特别喜欢打篮球，无论寒冬还是酷暑，都不能阻拦他打篮球的脚步。高考过后难得的轻松时光，几个同学相约一起去打球，他饭都没顾上吃，就高高兴兴和同学们来到篮球馆。当时恰好有一队外校的篮球爱好者也在场，于是双方商量着打几场比赛。作为主力的小辉每场都上，一连打了两个多小时，真是又累又渴。趁着中场休息的空隙，小辉跑到篮球场外的超市买了一大瓶冰镇饮料，一口气喝了个精光，然后返回场地继续参加比赛。

然而仅过了几分钟，小辉就感到胸闷，紧接着就是一阵阵的胸痛，他以为是自己刚才太着急跑岔气了，休息一会儿就没事了。没想到过了一会儿，症状越来越严重，痛得他脸色都变了，身体像虾米一样蜷缩起来。短短几分钟，小辉已经痛到意识模糊，求救的话都说不出来。一旁的同伴见状赶紧拨打急救电话，把他送到医院，并通知了他的家长。

遗憾的是，经过医生的竭力抢救，小辉依然未能脱离危险，最终被诊断为突发急性心肌梗死，抢救无效去世。他的父母悲痛欲绝，无法理解孩子不过是运动后口渴喝了瓶饮料而已，怎么就生死两隔了呢？

问题出在喝水的时间上，炎热的夏季，剧烈运动本就会提高猝死风险，高温下又突然摄入大量冰水，使得体温迅速下降，引起急剧的心血管痉挛。小辉在打篮球后马上猛喝冰镇饮料，这是他不幸猝死的主要诱因。

因此，运动时正确的补水方式是：运动后休息3～5分钟，心率相对平稳后再喝水。保持补水速度平缓，多次补水，每次饮水量不宜超过200毫升，而且尽量少喝凉水或冰镇饮料。

夏天的冰饮

炎热的夏天，我们在外面逛街，岳原走了一会儿觉得口渴，就和我说："妈妈，太热了，咱们去买杯水吧，这个天气，喝点冰镇饮料，解解暑气。"她拉着我走进一家超市，买了两瓶冰镇可口可乐，递给我一瓶，自己拿起一瓶打开盖一边大口喝起来，一边快乐地摇摇头说："夏天喝冰镇可乐，真是太爽了。"

我说："在天气特别热的时候，喝些冰水会使人心情舒畅，如果喝得少问题不大，但是如果饮用过量，就会产生很多问题。"

岳原："您经常念叨，夏天喝太多的冰水对肠胃不好，会对肠胃黏膜造成刺激，引起胃痛、腹泻等症状。您放心，我就喝几口，不会多喝的。"

过量喝冰水除影响肠胃以外，还会对牙齿造成刺激，引起牙齿酸痛。而且，冰水让身体遇冷，容易导致毛孔关闭，阻塞汗液排出，增加感冒概率。对女孩子来说，冰水还可能引起痛经等问题。所以，虽然夏天喝冰镇饮料感觉很爽，但对身体并不好，还是应尽量多喝凉白开，避免喝太多的冰镇饮料。当然，冰激凌也不能多吃。

岳原："刚运动完，大汗淋漓的时候能喝冰镇饮料吗？这时候感觉普通的矿泉水完全不解渴。"

这是非常危险的，剧烈运动后千万不要立刻喝冰水。炎炎夏日，灌下几口冰水是相当惬意的事情。据研究，在口渴时，5 摄氏度的冰水比 22 摄氏度的常温水更能解渴。但是剧烈运动会使心脏将血液输送到各个器官和组织，导致心脏内氧气不足。如果马上喝冰水，会导致心脏突然收缩，血液循环受阻，甚至可能导致心脏停止跳动并诱发猝死。

所以，要学会科学饮水，不能因为夏天天热就猛灌凉水，要少量多次，尽量多喝常温的白开水，每次喝水不要太多，100 毫升左右即可，间隔 10 分钟再喝。这样做的好处是，身体可以慢慢接受水分补给，避免出现一些不适反应。特别是在高温天气，切忌喝大量冰水、猛吹空调、冲凉水澡等，要过一个凉爽而安全的夏天。

饮料能当水喝吗？

岳原："好的，您说的我都记住了。班上有位同学非常喜欢喝饮料，课间的时候我们都去饮水机接水，这位同学会从书包里拿出一瓶饮料一饮而尽，他说他从小就不爱喝水，每天都拿饮料当水喝，家里有成箱的饮料。这样做有什么问题吗？"

不能拿饮料当水喝，这会带来各种问题，后果很严重。饮料中添加了大量的糖分、食品添加剂等，所以味道格外好，很受小朋友的欢迎。但是长期饮用会对身体健康造成损害，而且这种损害通常是不可逆的。

目前，市场上超过半数的饮料是含糖饮料，比如碳酸饮料和果汁。含糖饮料的主要成分是水和添加剂，营养价值、营养素含量低。这种饮料喝多了，会增加龋齿、肥胖、糖尿病等疾病的发病风险，还容易导致糖代谢能力减弱，使得血糖升高，对肾脏造成负担。

小朋友们不都盼着长高吗？饮料中的防腐剂如果摄入过量会造成软骨细胞生长缓慢，导致个子矮小。一些含色素的饮料，如咖啡、浓茶等，长期饮用容易产生骨髓抑制，增加患白血病的风险。

岳原：“长期喝饮料这么危险吗？难怪从小您就限制我喝饮料，让我多喝白开水。我小时候可馋别的小朋友的饮料了，现在长大了觉得白开水味道也挺好的，可能是习惯了，只有到了炎热的夏天才想喝点冰镇的饮料。”

孩子们都喜欢喝饮料，因为饮料有各种味道，比白开水更好喝，但是父母绝对不能纵容孩子拿饮料当水喝，要正确引导孩子喝水，让孩子爱上喝白开水。有些孩子不愿意喝白开水，于是父母会给孩子喝鲜榨果汁，其实果汁也不能多喝，因为果汁里面的糖分会增加孩子龋齿的风险，这带来的危害是不可控的！

因此，还是喝普普通通的白开水吧，其更利于孩子的健康。

「 饮料对健康的危害 」

什么是垃圾食品?

岳原:“除了少喝饮料,现在新闻报道经常说让我们少吃‘垃圾食品’,到底哪些算‘垃圾食品’?吃这些食品对身体有什么危害呢?”

“垃圾食品”是一个带有贬义的非正式术语,简单来说是指一些高热量、低营养的食品。这些食品通常含有过多的盐、脂肪、糖和添加剂,而缺乏维生素、矿物质和纤维素等营养成分。

常见的垃圾食品包括糖果、薯片、炸鸡、汉堡包、热狗、蛋糕、巧克力、汽水、甜饮料等。这些食品虽然口感好,但是长期食用会导致肥胖、高血压、高血脂、糖尿病等慢性疾病。

岳原:“糖果、薯片、炸鸡……这些都是我们爱吃的食物啊。”

大家之所以把薯条、炸鸡、可乐等列入“垃圾食品”名单,是因为它们热量过高,缺乏人体必需的多种营养素,在制作过程中产生或添加对人体有害的物质,高热量低营养的垃圾食品容易引发肥胖。

孩子们爱吃这些食品是因为这些食品口感好,能让小朋友们产生快感,愿意一直吃下去。而且这类食品大多包装花哨、色彩鲜艳,让孩子们兴奋和好奇,从而产生购买的欲望。这些食品可以满足孩子的即时需求,让他们立刻感到快乐和满足,而健康食品则没有这种效果。

简单来说,这类食品只能满足你的食欲,消除你的饥饿感,却不能为身体提供全面均衡的营养,因此事实上等于欺骗了你。长期以来,垃圾食品被认为是肥胖、心血管疾病、糖尿病等慢性疾病的主要诱因之一。尤其对于孩子来说，垃圾食品对他们的身体健康和智力发展有着极为不利的影响。

岳原：“那以后再也不能吃糖果、薯片和炸鸡了吗？我不知道自己能不能做到。”

在当今的社会，完全不碰这类食品几乎是不可能的。但是，认清它们，头脑中有这个意识，尽量少吃这些食品，对孩子的健康是有好处的。偶尔吃点问题不大，但是绝对不要长期把这些食品当主食来吃。

孩子们对垃圾食品的喜爱不是一时的，而是长期形成的习惯和依赖，需要尽量克制，并付出时间和精力来改变。减少垃圾食品的购买，多吃水果、蔬菜等健康的食品，养成良好的饮食习惯，对身体健康非常重要。

早餐不可不吃

岳原：“我们班有些同学，早上闹钟响了后赖一会儿床，匆忙起来后又赶时间去上学，来不及吃早餐，就随便吃点饼干当早餐，甚至不吃早餐。时间长了就经常嚷嚷胃疼，这是怎么回事？”

对于正在生长发育的孩子来说，不吃早餐是非常不健康的习惯，一定要改变。早餐可以补充身体所需的能量和糖分，如果孩子长期早上不吃饭，胃里没有食物消化就会打乱正常的消化规律，分泌的胃酸会刺激胃黏膜，从而引起胃部疾病，如慢性胃炎、胃溃疡等。

而且早上不吃饭除了会引起胃病，还可能会引发胆结石。人的肝脏 24 小时都在不停地产生胆汁，如果不吃早餐，胆汁不排泄，时间一长，就会在胆囊中形成结石，造成腹部剧烈疼痛，那就麻烦了。

岳原："我偶尔早上起晚了，没时间吃早餐，一上午在课堂上都会感觉饥肠辘辘，朗诵课文都没力气，也没精神认真听课，只盼着时间到了赶紧去吃午饭。"

不吃早餐会分散孩子的注意力，使其无法认真学习，不仅对孩子的身体不好，还会影响孩子的成绩。新加坡一家医院营养科研究人员，曾跟踪调查了多个国家和地区的孩子，就"是否吃早餐、学习成绩及大脑发育"进行研究分析。研究发现，不吃早餐的孩子，不仅注意力差，反应也比较慢！

研究人员解释说，经过一夜的消化，孩子身体中的血糖本身就较低，若再不吃早餐，大脑无法获取能量，就会导致细胞活力不够。孩子就会困乏、没精神、反应慢，久而久之，大脑就会萎缩，继而变笨。其他的营养专家也对学生做过类似的调查研究，发现经常吃早饭的孩子对数字的敏感度更高。

总的来说，孩子如果长期不吃早餐，对身体的影响是非常大的。不吃早餐会感觉到饥饿、记忆力下降、注意力不集中、考试成绩不好。除此之外，还会影响身心健康，千万别不当一回事。

暴饮暴食不可取

岳原："我喜欢美食，有时候在压力较大的情况下，比如某次考试成绩考得不理想，心情郁闷，就格外想多吃一些，似乎只要吃饱了，人就会变得快乐。但是，很多时候我发现，这样做并不能改变考试的分数，反而因为吃得太多会觉得胃痛，得不偿失，我以后再也不这么做了。"

享受美食是人生的一大乐事，过生日、节日、考出好成绩、升职加薪、完成一件作品时……人们往往会吃顿大餐来庆祝，以表达喜悦之情。平常我们对别人表示感谢也经常会说：我请你吃饭。

对现在的很多人来说，美食不仅可以用来社交，也可以用来安慰和鼓励自己。当遭遇失败或心情低落时，人们也常常通过美食来抚慰自己的心灵，心情不好就出去大吃一顿，没有什么是一顿美食解决不了的。偶尔用食物来鼓励和安抚自己并不是坏事，是人之常情，但是每当感到沮丧、愤怒、生气的时候，都通过暴饮暴食来缓解情绪就会出问题，这种状况称为情绪性进食，是心理疾病的一种表现。

岳原：“这是心理疾病，有这么严重吗？我们应该怎么克服情绪不好就想吃东西的冲动呢？”

长时间暴饮暴食，很多时候并不是因为身体上的饥饿，而是一种心理上的饥饿错觉。很多人面对压力时无助、焦虑、恐惧，不知道怎么办好，最简单的方法就是吃“好”东西来舒缓自己的情绪。大脑把负面情绪当成了饥饿感。当你感到低落、沮丧，希望通过食物来缓解情绪时，会不由自主地吃很多，即使身体上吃饱了，依然还想再吃。

这种情绪性进食并不能解决问题，只是把压力搁置起来，推迟其对情绪的影响，起到一种“欺骗”的作用。最后往往会陷入更加难以恢复的恶性循环，就像借酒浇愁、抽刀断水，没有解决问题，而是想办法往后拖，只会造成更多的困难。

暴饮暴食会对身体造成极大的影响，比如超重和肥胖，还会破坏肠道屏障，降低免疫力。无法控制自己吃太多的内疚和自责，只会造成孩子自卑、自尊心下降、自我厌恶甚至自我憎恨。这些都是暴饮暴食可能产生的负面影响，不能放任不管。

「 暴饮暴食对健康的危害 」

要克制情绪不好就想吃东西的冲动，首先要学会正视负面情绪，承认人可以存在消极情绪，无须恐惧和回避。正确面对压力，认真思考和反省，尝试去解决问题。当自己无法解决时可寻求家人、朋友的支持和帮助，严重时还可以进行心理咨询和心理治疗。通过有意识的心理调整，采取积极健康的生活方式，可以对暴饮暴食进行有效的干预和纠正。

科学合理的饮食习惯

岳原：“为了健康着想，是不是只能喝白开水，吃那些寡淡无味的食物，而不能吃鲜美的菜品？我有些发愁，好像很难坚持。”

想要吃得健康，就一定得放弃美食吗？其实不然，只要我们能做到摄取充足而不过量的多种类食物，不偏食、不暴饮暴食，就能在吃出营养、吃出健康的同时，还能品尝美食。

你们正处在生长发育过程中，营养需求量比成年人更大，所以要保证每天摄入充足的蛋白质、脂肪和碳水化合物，以及足够的维生素和微量元素，特别是钙、磷，以促进身体的健康发育。

一日三餐的合理安排应当是早餐占全日总量的25%～30%，午餐占40%，晚餐占30%～35%。每天早上要早点起床，经过半小时的运动，让胃“醒”过来才会有食欲。像你同学那样匆忙起床，马上去上学，不仅他自己迷迷糊糊，他的胃也“迷迷糊糊”，当然不想吃饭了。

长时间饥饿会导致胃部疾病，规律饮食有助于补充体内所需要的营养成分，提高身体抵抗力和免疫力。尽量少吃辛辣、油腻、生冷、寒凉的食物，这些食物会加重肠胃负担，引发疾病。

岳原："吃饭是不是不能太快？而且要专心吃饭，这样才能更好地吸收营养。"

非常好！目前，在少年儿童中普遍存在着吃饭过快的现象，尤其早餐和午餐。吃得过快，或者不专心吃饭，一边吃一边看手机，食物不能被充分咀嚼，会加重胃肠的负担，降低营养被消化吸收的比例。此外，吃得过快还容易导致饮食过量，从而导致肥胖。爱美怕胖的小姑娘，就更不能吃得太快。

俗话说"民以食为天"，这句话说明了饮食对我们生活的重要性，对于正在成长发育的孩子来说，饮食就更重要了。孩子的成长离不开"吃"，现在的生活也不愁"吃"。但要扪心自问：孩子会"吃"吗？"吃"得科学吗？有时候，必须引导孩子管住自己的嘴，禁得住色香味的诱惑，科学、合理搭配饮食，只有这样，才能全面营养，增强体质！

第17课 小结

（1）剧烈运动后喝冰水容易增加心脏负担，导致心脏突然收缩，血液循环受阻，甚至可能导致心脏停止跳动并诱发猝死。

（2）在高温天气，切忌喝大量冰水、猛吹空调、冲凉水澡等；不要因为夏天天热就猛灌凉水，要少量多次，尽量多喝常温的白开水。

（3）含糖饮料会增加龋齿、肥胖、糖尿病等疾病的发病风险，还容易导致糖代谢能力减弱，使得血糖升高，对肾脏造成负担。

（4）垃圾食品只能满足人的食欲，不能提供全面均衡的营养，被认为是肥胖、心血管疾病、糖尿病等疾病的主要诱因之一。

（5）长期不吃早餐，分泌的胃酸会刺激胃黏膜，从而引起胃部疾病，而且不吃早餐的孩子不仅注意力差，反应也比较慢。

（6）暴饮暴食会对身体造成极大的影响，比如超重和肥胖，还会破坏肠道屏障，降低免疫力。

（7）通过有意识的心理调整，采取积极健康的生活方式，可以对暴饮暴食进行有效的干预和纠正。

（8）目前，在少年儿童中普遍存在着吃饭过快的现象，食物不能被充分咀嚼会加重胃肠的负担，降低营养被消化吸收的比例。

第18课

爱生命拒毒品

一步踏错路，终生在深渊

小宾出生在广东省一个普通的家庭里，作为家中的独子，父母对他期望很高，而他也没有辜负父母的期望。小宾小时候性格阳光开朗，学习成绩在班级名列前茅，并经常在各种比赛中获奖，那时候的小宾是令人羡慕的“别人家的孩子”。

随着青春叛逆期的到来，小宾的个性与父母的管教方式出现了严重的“碰撞”，加上小宾结识了一些社会上的不良青年，使他出现了明显的叛逆心理。他过生日那天，在朋友的怂恿下学会了抽烟，并一起把平时跟他有矛盾的同学打了一顿。小宾从内心升腾起一种从未有过的兴奋，觉得抽烟很酷，打人很刺激，这些朋友很讲“义气”。从此他变得无心向学，学习成绩也一落千丈。

有一次小宾去朋友家里玩，朋友对他说：“你是我最好的哥儿们，有样东西吃后会使人很嗨，天大的烦恼都不是事！要不要试一下？”在好奇心的驱使下，小宾第一次尝试了所谓“神奇”的东西（K粉）。当时吸了之后发现鼻子十分不舒服，过了一会随着呕吐感出现，小宾冲进厕所吐了起来。休息片刻后小宾再吸食了一次，他真的体验到了那种无比舒适的感觉，精神和身体都得到了无限放松，他懒洋洋地躺在地上，那种飘飘然的快感，好像自己想要什么就有什么。

这种强烈的梦幻感让他非常迷恋，随着吸食次数的增加，那种飘飘然的舒适感让他无法抵抗，慢慢地，以往吸食的剂量和次数让他无法获取快感，不得不增加剂量和次数，小宾彻底陷进毒品的魔窟里无法自拔。

从此，小宾的生活目标只为了获取吸食毒品的快感，有钱了，就买毒品吸食，没钱了，想方设法搞钱，他在吸毒的道路上渐行渐远，彻底沉沦了下去。我们可以想象小宾父母的失望和痛苦，整个家庭都坠入了绝望的深渊。

毒品的前生今世

今天学校有禁毒知识教育，岳原回家后跟我聊起禁毒，她好奇地问："妈妈，'毒品'这个词我们并不陌生，小时候通过一些影视片段和新闻认识了它。有时会在电视里看到这样的画面：一个人在地上痛苦地抽搐、面目狰狞，嘴里不停地喊着'药，药，快给我药'。这就是人们口中的'瘾君子'，老师说人一旦沾染到毒品，就跌入了万丈深渊，终生都很难摆脱毒品的控制。

"我知道毒品是一个吃人的魔鬼，万万沾不得。但是我们并不了解它，到底什么是毒品？这么一个害人的东西，为什么还有人去专门制作呢？"

禁毒、戒毒一直是社会关注的焦点。所谓毒品，是鸦片、吗啡、海洛因、可卡因、大麻、哌替啶等200余种国际公约明令禁止的麻醉品与精神药物的统称，也包括近年来在一些地方流行起来的迷幻药。毒品具有成瘾性和毒害性，长期吸食毒品会造成人体慢性中毒，产生各种不良反应：体力衰弱、智力减退、精神错乱，甚至死亡。

毒品可以分为天然毒品、半合成毒品和合成毒品三大类，天然毒品是指直接从毒品原植物中提取的毒品，如鸦片。半合成毒品由天然毒品与化学物质合成而得，如海洛因。合成毒品是完全用有机合成的方法制造的，如苯丙胺类毒品。服用这些毒品会让人兴奋或致幻，久而久之对其产生强烈的依赖性。

毒品并不是一开始就是“毒品”，它的发现曾经是医学史上的重大创举。人类最初与毒品打交道是因为它具有药用价值，适当的剂量可以治病救人。但是，在治疗中人们逐渐发现这些药品的副作用很大，服用过量能破坏人体正常生理机能，使人精神颓废错乱、引发多种疾病甚至导致死亡；而“瘾君子”却利用它们产生的梦幻般的感觉来寻求刺激、逃离现实。毒品的历史其实就是一个从药品到毒品不断转化的历史。

岳原：“我知道最早的毒品是鸦片，是从罂粟花中提炼出来的，今天学校给我们看了罂粟花的照片，它是一种色泽艳丽、非常漂亮的花，果实的汁液在古代可以用来治愈一些疾病，不知道为什么后来会变成让人望而生畏的‘毒品’。”

最早的时候，罂粟主要作为观赏花卉和药用植物，许多医书不仅记载了罂粟可治痢疾、腹痛、咳嗽等疾病，还将它视为具有养胃、调肺、便口利喉等功效的滋补品。谁承想，其当初被人们当成美丽的花卉和药品，后期竟逐渐地演变成了害人的毒品，甚至被称作“罪恶之花”。

「 以燃烧生命为代价换取的快乐 」

其实可恶的并不是罂粟，而是人类的使用方法，人们用它的果实制作鸦片，服用后会让人产生梦幻感，导致心理及生理上的高度依赖，长期服用后一旦停止，就会产生渴求药物、不安、流泪、流汗、流鼻水、易怒、发抖等戒断症状，对人体的伤害性极大。

鸦片在清朝晚期是非常普遍的，经常有人吸食，无论是朝廷贵族还是平民百姓都会抽鸦片。鸦片摧毁了人们的精神和意识。有些人为了抽鸦片不惜贩卖妻子和儿女，做龌龊的勾当。很多百姓变得又黑又瘦，没有精神，像生病一般，这也是近代中国近200年来“东亚病夫”名字的由来。“烟枪一杆未闻炮声震地打得妻离子散；锡纸半张不见火光冲天烧尽田地房廊”，一副对联说明当时的老百姓对吸食鸦片的深恶痛绝。

岳原：“老师给我们讲过这段历史，鸦片问题直接动摇了清王朝的封建统治，影响到国家与民族的生死存亡。这说明毒品是一件非常严肃的事情，绝对不能等闲视之。”

毒品从鸦片开始一步步发展，科学家从鸦片中分离出了其有效成分吗啡，并将其用于临床麻醉、止痛止泻等。后来人们发现，长期使用吗啡会导致严重的吗啡依赖，很多使用者对吗啡成瘾，这对使用者自身造成了不小的伤害，吗啡可以说是鸦片的2.0版本。

后来化学家在吗啡中加入醋酸酐等物质，提炼出比吗啡镇痛效果提高了4～8倍的物质，即“海洛因”，意为女英雄，这是鸦片的3.0版本。当时人们认为，海洛因是不会成瘾的吗啡。然而现实没这么美好，人们很快发现了海洛因可以带来比吗啡更强烈的兴奋感，成瘾性也更强烈。一个原本要替代吗啡的镇痛药物，最终却成了毒品之王。

曾经的罂粟可以缓解人的头痛脑热，而现在毒品可以要人的性命，吸食者会感觉飘飘欲仙、兴奋、刺激、神魂颠倒，陷入麻醉和幻觉当中，无法进行正常的工作和学习。

毒品的危害

岳原："我理解吸食毒品像大人抽烟一样，时间长了会产生一定的依赖性。但是为什么吸毒人员对毒品的依赖性会这么强烈，导致人们一旦吸上就再也离不开它呢？"

我们的头脑中有一种被称为"快乐物质"的多巴胺，它能帮助传递兴奋、愉快等信息。当我们做一些愉快的事情时，如吃东西、聊天等，脑内的多巴胺分泌就会增多，作用于"愉快中枢"，让我们产生开心快乐的感觉。简单来说，吸食毒品会刺激人们脑中的相关区域，释放多巴胺，给人带来愉悦感，这是毒品成瘾的原动力。

人体对刺激会有适应性，毒品使用的时间长了，身体会产生耐受性，就没办法体验到刚开始时那么强烈的快感了。为了获得以往程度的快感，需要不断增加用量。这时，人的"愉快中枢"就在不知不觉中被毒品"绑架"了，为了获得快感，就要不断吸食毒品，而且越吸量越大。

毒品在带来快感的同时，对身体会产生很多有害的影响，会影响我们的呼吸系统、消化系统、心血管系统、免疫系统等。但是，为了追求那种被刺激的快感，吸毒者只能逐步增加毒品的剂量。当毒品用量过度时，会导致人体中毒，出现血压波动、心跳异常等生命特征，同时伴随着精神错乱、幻听、妄想等以致吸毒者做出危险动作造成意外。

岳原："就是说吸食毒品会让人们产生快感，让人们忘记尘世间的烦恼。为了持续地获得这种快感，只能逐渐增加吸食的分量，最终丧失生命的主动权，沦为毒品的奴隶。这太可怕了。"

是啊，人体大脑内的多巴胺的产生本来处于一个稳定的内平衡状态，毒品是一种外来物质，它以一种强悍的势态闯入人类的大脑内，破坏了原有的内平衡。大脑对多巴胺的生产开始懈怠，人体的快感开始变得依靠外源的物质刺激供给，自身供应萎缩。这时，一旦停止外源供应，就会产生多巴胺供给危机，人体就会表现出戒断反应，比如恶心呕吐、浑身疼痛、流涕流泪、发冷发热、焦虑恐惧等，这些不适感让人难以忍受、痛不欲生，无法停下吸食毒品的步伐。

吸食毒品对人体的损伤极大，长期食用会损害我们的脑细胞，用仪器扫描大脑会发现吸食者脑结构萎缩。大脑结构一旦被破坏，就无法正常发挥各种精神心理功能，人的情绪会变得异常不稳定，而且行为控制能力变差，容易发脾气、冲动，并有暴力攻击行为。

人们一旦染上毒品，精神就会开始堕落，吸毒次数越多，毒瘾越大，精神就堕落得越深。这时的吸毒者会丧失事业心和责任感，什么理想、道德，通通被抛到九霄云外。他们变得烦躁不安，人格扭曲，严重者还会出现重症精神病之类的幻觉和妄想，非常可怕。

岳原："大家都知道毒品会导致严重的后果，而且毒品的价格还很昂贵。如果是出于各种原因吸食了毒品，觉得后悔了为什么不拼命戒掉它呢？如果说一个人死都不怕，还能害怕戒掉毒瘾吗？是这些人决心不够，还是毅力不够？"

戒掉毒品并不是一件容易的事，毒品成瘾是一个逐渐加深的过程。吸食毒品的时候人们会获得快感，但是过后通常会感觉非常痛苦，甚至感到心悸、浑身不舒服，最终不得不放弃抵抗，千方百计地寻找毒品。想要沾染毒品很容易，但是想要戒掉毒品是非常困难的，这些人往往会陷入“吸食—后悔—难受—再吸食”的循环中，最终越陷越深。

很多毒品成瘾者都是怀着好奇心去尝试吸毒并逐渐成瘾的。他们在尝试第一口的时候都认为自己绝对不会上瘾，对自己的毅力与定力盲目自信，结果无一例外地毒瘾缠身，但是此时后悔晚矣。有研究显示，“好奇”是最多的初次吸毒原因，所占的比重甚至超过了2/3。所以千万不要为了好奇、寻求刺激而去触碰、沾染毒品。

不管你是霸王龙还是金刚狼，只要你的身体里有神经元、有多巴胺，一旦吸食，就很难摆脱毒品的诱惑，注定会成为毒品的俘虏。对于毒品有好奇心的孩子，千万不要拿毒品来考验自己的定力，只要一次，便是万劫不复！

新型毒品的防范

岳原：“这么可怕的东西，我们都知道要尽量远离。但是今天学校给我们放的禁毒知识宣传片中，出现了各种各样的新型毒品，有的像邮票，有的像糖果，跟常吃的小零食看起来没有差别。要是有小朋友误食了这种带有伪装的毒品怎么办呢？”

现在毒贩制造毒品的手段不断更新，让人防不胜防，甚至把魔爪伸到了青少年的身上。在大家的普遍认知中，毒品都是需要吸食的，但是有些新型的毒品只要触碰即可中毒，而且它们伪装成“可爱”的模样，混迹在学生群体中，一定要加以小心和防范。

比如警方查获的新型毒品LSD，俗称“邮票”，只有指甲盖大的小纸片，用花花绿绿的卡通贴纸包装外表，看上去就像一枚邮票，一般人不易甄别。别看这种毒品个头很小，实际上毒性极强，只要一接触就能立刻被皮肤吸收！

有个小姑娘因为好奇去酒吧玩，一个朋友递给她一枚“邮票”让她贴着玩，并告诉她这是可以吃的。因为保持警惕，她只是接过来玩了玩，并没有贴在舌头上。但第二天她醒过来时，已经不记得发生过什么。酒吧老板说，小姑娘一个人在酒吧中大喊大叫几小时，精神异常，也没人听懂她说什么。这种“邮票”实际上是一种半人工致幻剂，是迄今发现药效最强的精神药品。

岳原：“太可怕了，在禁毒视频中看到新型毒品不仅有‘邮票’，有的毒品还伪装成奶茶、巧克力、跳跳糖的样子，原本我们以为毒品离自己很遥远，没想到它们早已经乔装打扮，变身为我们熟悉的样子，渗透到了生活当中。”

相较于传统毒品，这些新型毒品更具伪装性和诱惑性，它们的外表像一些花花绿绿的零食，都是孩子喜欢吃的，真的很难分辨，一旦有坏人诱惑，孩子们就可能误食，铸成终生的遗憾。

戒毒所里年轻的男孩，他是因为在KTV过生日，无意抽了别人递来的夹带毒品的香烟，就此染上了毒瘾。有些女孩并不知道自己在吸毒，一开始她们只是接受了一杯“善意”的饮料，没有防备心地喝了，然后就不幸坠入了新型毒品的深渊。因此，对于青少年，尤其未成年人来说，一定要提高警惕。

如果孩子在不知情的情况下误食了新型毒品，不等同于故意吸食，因为主观上无过错，不会涉及治安违法或者刑事责任。因此应第一时间积极报警，并且多喝水、多出汗和多运动，加速身体的新陈代谢，尽快把有害物质排出体外，还可以寻求专业机构的帮助。

岳原：“面对五花八门的新型毒品，我们应该如何提高对毒品的防范意识，做到自我保护呢？”

孩子在一天天长大的同时，也在逐渐脱离大人们的视线。在新型毒品穿起隐身衣、学会变形记的今天，一定要在生活的各种细节中提高自我保护意识。

首先要加强自身的防范意识，不要因为好奇心而误入歧途，对于诱惑提高警惕，采取坚决拒绝的态度。不轻易和陌生人搭讪，不接受陌生人提供的香烟和饮料。饮料一定要时刻拿在自己手里，一旦离开视线范围就不要再喝了。

对于一些陌生人，或者有不良习惯的人，特别是提供一些奇形怪状或是没有见过的新鲜玩意儿的人，千万要提防，要提高警惕。同时，不要进入治安复杂的场所，避免进入夜店、KTV 等娱乐场所，从源头上杜绝与毒品的接触。

当购买和食用零食时，要认真甄别挑选。饼干、巧克力、跳跳糖、果冻、奶茶、蘑菇等零食成为毒品新的伪装形式，不法分子常常利用此类零食诱导青少年进行尝试。所以，买东西尽量去正规商场，不在路边摊贩、街边小摊上买“三无”产品，以防有毒品混入其中。

「 小心各种“有毒”的产品 」

岳原："有些药物可能含有违禁成分，不能盲目服用。比如一些女同学青春期发胖，会在网上购买一些宣称具有特效的减肥药，这些药物是不是有风险，不可以吃？"

有些网红减肥药没有任何产品标识，一定不能购买。经检测里面可能含有违禁成分，这是一种十分不健康且具有伤害性的减肥方法，同时还会导致药物上瘾。生活中有很多常用药物是具有依赖性的，如镇静催眠药、止痛药、抗抑郁药等，这些药物在使用时一定要谨遵医嘱；有些感冒药、止咳药中也有成瘾成分，滥用也属违禁，都需要小心。

孩子们要建立良好的生活习惯，杜绝不良嗜好，遇到生活挫折时，学会使用合适的应对方式。避免为了消除忧愁烦恼，而从毒品中寻求暂时的解脱。如果用毒品按下了"快乐键"，我们很难停止这种对快乐的渴望和追求，从此就被毒品绑架，走向一条不归路。不要渴望人生永远充满快感，毒品快感的代价是我们宝贵的生命和无法重来的人生。

记住，最关键的一条就是鉴别是非，坚决不碰第一口。

毒品对青少年来说好像很遥远，但又近在咫尺，必须时刻警惕、严加防范。最后，不要忘了和千千万万毒品犯罪分子作斗争的缉毒民警，他们每一次任务都是生死对决，在我们享受岁月静好时，是他们用生命的代价在负重前行。

愿那些成长于阳光下，没经历过阴影和黑暗的少年，永远能沐浴在阳光下，永远不被毒品带来的"昏暗"和"黑夜"困扰！

第18课 小结

（1）毒品具有成瘾性和毒害性，长期吸食毒品会造成人体慢性中毒，产生各种不良反应：体力衰弱、智力减退、精神错乱，甚至死亡。

（2）“烟枪一杆未闻炮声震地打得妻离子散；锡纸半张不见火光冲天烧尽田地房廊”，一副对联说明当时的老百姓对吸食鸦片的深恶痛绝。

（3）吸食毒品会刺激人们脑中的相关区域，释放多巴胺，给人带来愉悦感，这是毒品成瘾的原动力。

（4）吸食毒品会让人们产生快感，为了持续地获得这种快感，只能逐渐增加吸食的分量，最终丧失生命的主动权，沦为毒品的奴隶。

（5）“好奇”是最多的初次吸毒原因，所占的比重甚至超过了2/3。千万不要为了好奇、寻求刺激而去触碰、沾染毒品。

（6）有些新型的毒品只要触碰即可中毒，而且它们伪装成“可爱”的模样，混迹在学生群体中，一定要加以小心和防范。

（7）相较于传统毒品，一些新型毒品更具伪装性和诱惑性，真的很难分辨，一旦有坏人诱惑，孩子们就可能误食，铸成终生的遗憾。

（8）不轻易和陌生人搭讪，不接受陌生人提供的香烟和饮料。饮料一定要时刻拿在自己手里，一旦离开视线范围就不要再喝了。

（9）对于一些陌生人，或者有不良习惯的人，特别是提供一些奇形怪状或是没有见过的新鲜玩意儿的人，千万要提防，提高警惕。

（10）防范毒品最关键的一条：鉴别是非，坚决不碰第一口。

第19课

社交安全

人心不可测，交往留距离

1994年的冬天，天气格外寒冷，14岁的小丫穿上母亲特意给她织的毛衣毛裤，从家里出发去上学。临出门时小丫感到自己有点发热，爸爸心疼地让她在家休息，小丫不同意，说今天有早自习怕耽误学习，坚持去学校。

早上6点多，天空飘着雪花，周围一片漆黑，马路边的小店铺还没开门，路上也没什么行人。小丫用手电筒照出微弱的光亮，踏着地上堆积的雪一步步艰难地往前走。这时，小丫看到前面停着的一辆面包车上走下来一个20多岁的女子，她穿得时髦漂亮，操着北京口音问小丫世界公园怎么走。小丫告诉了她，可对方好像怎么也听不懂，让小丫上车再说，还说可以顺路把小丫带到学校门口。小丫见这个女子说话和气，没有防备就跟着上了面包车。

上车后，女子让小丫喝牛奶，小丫不肯，对方突然强灌起来，洒了小丫一身，很快小丫就昏沉沉地睡去。等小丫醒过来时，发现自己在一个黑屋子里，一个男人脱掉了她的校服，搜走了她的学生证，并且不顾她的哭闹把她关了起来。

小丫的学校离她家不过300多米远，她从家走出仅100米就消失了。小丫的爷爷听到这个噩耗，当即脑出血，不久就去世了，她的爸爸妈妈为了寻找她，卖掉家产跑遍了全国，在电视、报纸、杂志上做广告，四处张贴寻人启事，却怎么也找不到自己含辛茹苦养大的女儿，他们一直都奔波在寻女的路上。

小丫被卖到了郊区的一个农户家里，被这家人严格地看管了起来，并强迫她嫁给了一个30多岁的男人。其间她无数次逃跑，无数次被抓了回去，她怕极了，哭喊着要妈妈，却无人理会，她在还不满16岁的时候，就生了一个孩子。后来，她趁看管人疏忽的间隙，逃出来联系上自己的爸爸妈妈，才被解救回家。这时候，距离她被拐走的那天已经过去了整整6年！

陌生人能相信吗?

岳原小的时候，每次带她出门，我总是千叮咛万嘱咐，有一句话可能是所有爸爸妈妈都会说的，那就是不要轻易相信陌生人。

有一天岳原突然问我："妈妈，我觉得陌生人不见得都是坏人，或者说光从表面来看，我们很难判断一个人是好人还是坏人。在外面是不能相信所有的陌生人，还是说不能相信那些看起来像坏人的陌生人呢？"

这问题提得很好，受电影和电视剧的影响，很多孩子会觉得"坏人"一定都长得很可怕，就像动画片里的坏蛋一样，光头、小眼睛，长得凶神恶煞，而那些看起来干干净净、说话温柔的人就不是"坏人"。如果孩子有这种想法，那就太危险了。

只看一个人的长相并不能判断他是不是坏人，重点是看他的行为。有些人为了获取孩子的信任，会伪装成善良和气的样子，等把孩子骗到偏僻的地方，就会露出“可怕的獠牙”，那时候想逃已经太晚了。所以，绝对不要从外表来判断一个人的好坏。学会拒绝和提防陌生人是孩子自我保护最重要的一步。

岳原：“您的意思是，无论这个人看起来像不像‘坏人’都不能相信。如果这样，这个世界不就太冷漠了吗？人与人之间完全没有信任感。”

社会是复杂的，也是多元化的，我们倡导互相友爱、互相信任的人际环境，然而未成年人尚不具备分辨能力，不能做到足够的自我防卫。一旦有危险，孩子是必然的受害者，要想平安地生活和成长，就要拒绝一切伤害。你遇到的100个陌生人里，99个都是好人，但是只要其中的1个坏人对你图谋不轨，就可能会对你造成终生不可弥补的伤害。所以，人们经常说：害人之心不可有，防人之心不可无。

孩子的单纯和幼稚往往是某些人利用的工具，坏人经常说一些“我是你爸爸的朋友”“我是你妈妈的同事”之类的话，听到这样的话，孩子容易放松警惕，把对爸爸妈妈的信任和依赖转移到陌生人身上。轻易地听从别人的话，这是非常危险的。这个时候，只要父母不在身边，要坚决地拒绝他们的要求，告诉他们自己不认识他们，也不要听他们解释，因为孩子的思维水平永远比不上成年人。当陌生人说类似上面那些话套近乎的时候，不管对方是好人还是坏人，都要大喊“我不认识你！”

有些人喜欢用诸如“我带你去买糖”“我带你去看小狗”“那边有好玩的地方”这样的话来哄骗孩子，很多孩子对诱人的食物、漂亮的玩具和

「 切勿轻信陌生人 」

其他新奇的事物感兴趣，缺乏自制力的孩子很容易被诱惑。这时候一定要明白，无论多么诱人的东西，只要不是自己的，没有经过爸爸妈妈同意就不能接受。陌生人不会无缘无故送你东西，也不会突然变出来一个好玩的物件，一切都是别有用心的，这时，一定要简单而坚决地说“不，我不要！”

岳原：“不能接受陌生人的东西，这句话我已经听过很多次了。放心，在外面我知道保护自己，不会随便就接受别人的礼物，也不会轻易跟陌生人走。但是，如果遇到陌生人寻求帮助怎么办呢？比如，一个人来问路，我又恰好知道他/她想去的地方，我要不要告诉他/她？老师说在力所能及的情况下要尽力帮助别人，我能置之不理吗？”

不要理睬，不要搭话，直接转身就走，这是最好的办法。你想想，街上这么多人，如果这人是真心想找人帮忙，他/她为什么不找成年人，而要向一个孩子寻求帮助呢？

为了取得孩子的信任，有些心怀不轨的人往往想尽办法让孩子上钩。他们会伪装成各种模样——贫穷可怜的盲人、和蔼可亲的老奶奶、漂亮时髦的阿姨等，来激发孩子的怜悯和善良之心，以达到不可告人的目的。如果你在外面，无论是独身一人还是和小伙伴在一起，遇到有人请求帮助时，无论是问路，还是需要帮忙拿东西，让他们去找大人，去找警察。不是禁止你助人为乐的行为，也不是推卸责任，而是为你自身安全提供一层保障。如果求助的人是坏人，你们就可能躲过这世上最可怕的劫难；如果那人是好人，他也会理解孩子们的这些行为。

还有一点要千万注意，就是绝对不可以上陌生人的车，不要因为任何原因跟随陌生人离开你熟悉的环境。北京的一起真实案件：14岁的小女孩在冬天遇到问路的人，不防备地跟随其上了汽车，结果被拐卖到离家不远的地方，6 年后被找回来时身体已是千疮百孔、伤痕累累，可想女孩的父母和家人该有多痛苦。人贩子拐走的是一个孩子，毁掉的是一个家庭！

岳原："好的，在外面不能轻易相信陌生人，不能接受陌生人的礼物。但是如果遇到警察、身穿制服的人，是不是可以相信呢？不是说有困难找警察吗？他们总是可以信任的吧？"

这要看具体情况，如果在警察局是可以信任的，但是绝对不要因为这人身穿制服就毫无戒备。曾经有一个案例，两个半夜从家溜出去看流星雨的孩子，被街上一个身穿巡警制服的人拦住要看学生证，男孩儿被打发回家去取证件，留下他的堂姐，短短十几分钟女孩儿就不幸地被这个伪装成巡警的人杀害。

所以，在外面对任何人都要保持警惕的心态，在不伤害他人的前提下，允许孩子以最大的恶意去揣测陌生人。很多时候要相信人的本能，如果感到不对劲，就算说不上来为什么，也要马上离开。当感觉自己身处危险之中，可以摔东西、尖叫等。遇到陌生人强拉硬拽的情况，一定要大声进行呼救，呼喊周围的叔叔阿姨，引起关注。如果有陌生人试图拉你上车，要大叫"救命！我不认识你！"或者"救命！请帮我报警！"

日本知名作家东野圭吾曾写道：世上有两种东西不能直视，一个是太阳，一个是人心。我们无法看到陌生人内心的恶，只能让自己时刻保持小心和警惕。

好朋友能相信吗?

岳原:“我觉得,不仅是陌生人,有时候伤害我们最深的往往是身边的朋友,在成长过程中我们都渴望友谊,渴望拥有一个无话不说的知心朋友。在生活的某一瞬间,好朋友就像一个翻版的自己,有什么不能对父母说的话都可以向朋友倾诉,有一种心灵互动的感觉。

“但是,有些时候我向朋友倾诉的秘密,转眼大家就都知道了,一定是朋友公之于众的,这让我感觉既生气又伤心,以后还能相信朋友吗?”

这件事对我们的启示是:不同的环境要采取不同的社交距离。朋友之间的相互关心是毋庸置疑的,但每个人都有自己喜欢的独特的生活方式,如果任何事都不分你我,包括将那些“天知地知,你知我知”需要独守的个人隐私都端出来的话,一定会使友情“变味”,陷入一种尴尬的境地。

再好的朋友彼此间也需要有距离。有时候,你觉得对方是你的好朋友,所有的事情都不应该对他/她有所隐瞒,但是情况并非如此,你倾诉的秘密转眼间大家都知道了。对此你会既愤怒又委屈,觉得自己真是看错了人。造成这种情况的原因在于没有很好地把握交友的空间距离,实际上,每个人都需要一个属于自己的独立自由空间。

即使是最好的朋友,也不要随便向他/她吐露自己的隐私,这样和对方靠得太近,容易失去应有的人际交往距离。同样,当好朋友向你倾诉的时候,不要对事情刨根问底,如果“度”把握得不好,就会让对方感觉你好像是在窥探隐私,说不定你会因此而失去一位很好的朋友。当然,更不要把朋友的秘密向其他人转诉,这样无疑会失去朋友对你的信任。

无论多么亲密的人际关系，都应彼此给自己留一块心理空间。同时培养自己拉开一定距离来看待他人的习惯，不要把自己的透明度设置为百分之百。内心没有隐私，虽然显示了自己的坦荡，但也因此失去了应有的人际距离，无形中为以后的人际关系紧张和冲突种下了祸根，这实在不是明智之举。有些孩子因为和朋友的交往出了问题，一时想不开而走上了犯罪的道路，给社会造成损失的同时，也给自己和家庭带来了无尽的痛苦。

总之，凡事过犹不及，再好的朋友也要留有余地，不轻易透露自己的隐私，不嘲笑朋友的缺陷，不公开别人的秘密。把握交往的尺度，所言所行都要留有余地，不能因为是朋友就无所顾忌。如果好朋友能在学业上相互鼓励，生活上互相关心，而在私生活上又相对独立，彼此不打扰对方喜欢的生活，才是一种高尚的友谊，也是作为朋友追寻的境界。

你被 PUA 了吗?

岳原：“我们最近聊天时，有时候聊着聊着，有人会开玩笑地说，你不会被人家 PUA 了吧？现在网络和生活中到处出现这个词，但是到底什么是 PUA 呢？”

PUA 是指 Pick-up Artist，即“搭讪艺术家”的缩写，源于 20 世纪 70 年代的美国，后来演变为交际技巧，指通过言语否定、精神打击、情感勒索等方式对他人进行精神控制的行为，被运用于各种社交场景，如校园、家庭、职场等。

PUA 近似于一种心理操纵术，主要表现为，在亲密关系中通过孤立、贬低和打压人的意志，让对方心甘情愿地服从。在心理学上又被称为燃气灯效应。这个名词来源于电影《燃气灯下》，这是一部描写利用外在环境来操纵人心理的电影，燃气灯效应泛指通过心理操控手段，受害者深受施害者操控，以至于怀疑自己的记忆、感知或理智的现象。

岳原："听起来很神奇，通过这种办法能够让对方服从自己的意志！但是，每个人都是独立的个体，操纵别人的思想是不道德的。我们了解这种方法的目的在于反 PUA 吧？"

近几年 PUA 这个词备受关注，一些用心不良的人会通过这种办法精神操控别人，还很有可能得逞，这是一种危险且不健康的社交模式。所以，有必要学习和了解什么是 PUA，在和其他人的交往中注意保持自己独立的思想和精神，不被别人掌控。

其实 PUA 的原理并不复杂，就是打击你的自尊，摧毁你的独立思考能力，让你觉得自己一无是处，然后对方趁虚而入，让你产生依赖，让你觉得只有对方才能帮助自己，从而被对方操控。

举个例子，比如"你书读得太少了！"，这是直接的批评，还有一种说法是"你书读得太少，需要加强阅读"，这是批评 + 建议，是最有效的帮助。但是 PUA 会怎么办呢？他们会说："你书读得太少，一说话就暴露了自己的无知，大家都看不起你。只有我不嫌弃你，你还不明白吗？我都是为你好，我这样做都是为了帮助你，我不求你报答已经很好了！"这就是典型的精神操纵。

我们有时候在和他人交往中，可能会不知不觉地被别人"洗脑"，认为错误都在于自己，陷于一种过度的反思，感到自卑和痛苦，长此以往，会对生活失去信心和希望，甚至导致抑郁。

岳原："如果一个人总是被反复地打压和否定，这个人无论是心灵还是身体，都会感到疲惫不堪，时间长了一定会发疯的。但是，我们应该怎样做才能反 PUA 呢？"

一方对另一方进行精神打击时，常常会打着"我是为了你好""我因为爱你才会跟你说这些""我这样是在帮助你"的名义，这会让被 PUA 的一方感到非常迷惑：明明自己感觉很不舒服，却又说不出哪里不对劲。这时要意识到自己可能正在被 PUA，能够抽身离开是最好的解决办法，离开不健康的关系是解除不安和痛苦最有效的办法。

如果这种关系只是有些苗头，但还达不到 PUA 的程度，也要注意保持清醒的头脑，可以想想对方是否有问题，从而跳出被操纵的陷阱。

在一段正常的关系中，应该是快乐大于悲伤、正能量大于负能量的。问一问自己：我是更加自信了，还是更加自卑了？在健康的社交关系中，你一定是会越来越自信、越来越有力量的。如果不是，就要考虑这段关系带给你的究竟是什么，有没有必要继续下去。

内心脆弱、独立思考能力差的人，最容易被 PUA，其实世界上所有的套路、洗脑、操控、诈骗等，主要是对这些弱者有效。所以，反 PUA 最重要的是培养内在的能力，不断增长识人的智慧。多看书、多思考，眼界开阔，见识广，三观正确，内心拥有爱和被爱的力量，精神就不会轻易地被人操控。

什么是网络“杀猪盘”？

岳原：“我们现在很多同学通过网络来交朋友，有时候只看到对方的头像就能聊得火热，什么事都跟网友倾诉。我觉得这样做不妥，如果交友不慎，会很危险。”

随着互联网的快速发展，现在孩子能轻易接触社交媒体，并且当下社交平台的范围在无限扩大，不仅是手机，甚至在学习机、电话手表这些家长认为可控的地方也存在看不见的社交黑洞。孩子是未成年人，在现实生活中遇到困难，试图在网络上找到知心朋友，没想到可能会坠入一些可怕的陷阱。

比如有一种新型网络骗局，它披着“交友”的外衣，利用甜言蜜语，不把对方的荷包掏空誓不罢休，被称为“杀猪盘”，言外之意是交友的过程像养猪一样，慢慢养熟了再“杀掉”。

你在网络上通过某些方式加了一位“好友”，他不紧不慢地和你聊天。对方理解你的痛苦，了解你的烦闷，比你的父母更能接纳你，比你现实中的朋友更体贴，各种话都说到了你的心坎儿里，让你每一个毛孔都舒服。这时就要小心了，你很可能遇到了“杀猪盘”。

岳原：“我猜对方这么做一定是别有用心，他先骗取信任，再慢慢套出来自己想要的东西。”

是啊，等你一点点开始相信，到最后完全依赖对方，无论对方想要的是人还是财，都完全没有设防地交出去，等最后明白过来可能也晚了。这种方式比其他的网络诈骗过程要长，温水煮青蛙，也更难识别。

「 警惕网络中的“有缘人” 」

这种新型的网络社交套着交友的外衣，编造或虚构一个学霸或者帅哥、靓姐的形象，先给你一些好处，让你尝到甜头，再用甜言蜜语引你上钩，主要目的是骗财。人性中最大的弱点是“贪”，看到好处不想放过，得到了还想要更多，正是因为这些缺点被别人利用与拿捏，才会让你一步步走向陷阱。

要远离侥幸的心理，很多人之所以会上当受骗，并非不够聪明，而是受到欲望唆使，心存侥幸，企图不劳而获。金钱也好，友谊或爱情也罢，都是需要不断地付出和经营的，天上掉下来的往往不是“馅饼”，而是“陷阱”。是否上当受骗，一方面由智商决定，另一方面由人的欲望决定。所以未成年人在网络社交的时候，一定要保持高度的警惕，不要轻易加陌生人为好友，无论任何原因都不要转账，更不要在没有通知家长的情况下去见陌生的网友。如果有什么事情感觉不对劲，要及时向家长或老师说明原因并寻求帮助。

岳原：“我记住了，无论是在生活中还是网络上，不要轻易相信陌生人，凡事多留一个心眼儿，才能更好地保护自己。”

社会越来越复杂，人生越来越艰辛，孩子也面临许多不可预料的风险局面。父母和老师可以为孩子创造尽可能安全舒适的生活环境，却不可能一生都围在孩子身边。离开父母和家庭，孩子能不能很好地独立生活，能不能识别社会上一些不利因素，这是每一位父母必须考虑的问题。

孩子自我保护的训练必须从小时候开始，学会拒绝和提防陌生人是孩子自我保护最重要的一步；身体力行警惕生活中的风险，并且智慧地保护孩子也是家长的必修课。

第19课 小结

（1）绝对不要从外表来判断一个人的好坏，有些心怀不轨的人会伪装成各种模样，来激发人的怜悯和善良之心以达到不可告人的目的。

（2）如果孩子在外面，无论是独身一人还是和小伙伴在一起，遇到有陌生人请求帮助时，可以直接拒绝，让对方去找大人、去找警察。

（3）在外面对任何人都要保持警惕的心态，在不伤害他人的前提下，允许孩子以最大的恶意去揣测陌生人。

（4）再好的朋友也要留有余地，不轻易透露自己的隐私，不嘲笑朋友的缺陷，不公开别人的秘密。

（5）PUA近似于一种心理操纵术，主要表现为，在亲密关系中通过孤立、贬低和打压人的意志，让对方心甘情愿地服从。

（6）反PUA最重要的是培养内在的能力，不断增长识人的智慧。多看书、多思考，眼界开阔，见识广，三观正确，精神就不会轻易被人操控。

（7）天上掉下来的往往不是“馅饼”，而是“陷阱”。是否上当受骗，一方面由智商决定，另一方面由人的欲望决定。

（8）警惕“杀猪盘”，保持高度的警惕，不要加陌生人为好友，无论任何原因都不要转账，更不要在没有通知家长的情况下去见陌生的网友。

第20课
心理安全
若有来生，不复再相见

上海的一个晚上，市中心的大街上仍然车水马龙，鳞次栉比的高楼大厦已是万家灯火。一位14岁的花季少女小芯，此刻正趴在房间的桌子上，一笔一画地写着自己生命中的最后一封信。

“人生一趟，遇见你们很荣幸，若有来生，我们不要再见面了。”小芯在信中对父母写道，“我就是你们炫耀的工具，你们爱的不是我，而是那个冲进班级前十的我，是排名年级前二十的我。你们心目中的完美女儿太优秀，我达不到”。小芯的眼泪慢慢地流下来，她伸手拭去，继续写道，“巴掌打在脸上最疼，然后是手背，再是手臂，最后是大腿，打在背上还行，被皮带或电线抽时腿上最疼，然后是背上，最后是双臂”。遗书里的这句话，是小芯在家里的写照，因为父母的严格要求，只要她的成绩掉出班级前十名，回家之后就会遭到父母的打骂。

小芯将内心压抑已久的话通过文字抒发出来，她回忆这14年来，被父母的各种打压和嘲讽。“我已经承受得够多了，真的尽力了，实在是无法再承受下去了。这样也挺好的，我不再需要忍受你们的折磨，也不再对下一次惩罚感到害怕了。”她写满了三页纸的遗书，字字泣血，父母的辱骂与虚荣，最终压垮了这个 14 岁的女孩儿。

小芯给这个世界留下自己最后的爱与善意，细心地做了各种安排：拿出她前段时间从学校刚借的三本书放在书桌上，边上放着借书卡。从抽屉里拿出来 3 万元现金，这些是她这几年积攒下来的压岁钱，也一同放在桌子上，挨着图书。她踩上榻榻米，到了窗边，纵身一跃，离开了人间。让人催泪的是，在窗台边上还有一张小纸条，她在上面歪歪斜斜地写着几个大字：榻榻米我用鞋踩过，用抹布擦干净。

这个年轻的女孩儿，选择结束自己的生命，也选择用放弃生命来终结自己的痛苦。她留给这个世界的一句话，足以让所有父母反思：毁掉一个人很简单，毁掉她的童年就好了。

父母的望子成龙

上海 14 岁女孩的一封遗书刷爆网络，人们惋惜她在豆蔻年华选择了放弃生命的同时，也对她父母的无情逼迫感到愤慨。女孩的遗书逻辑清晰、措辞完整，看得出是一名成绩不错的学生，但是她直言“是我太懦弱了，不敢面对下一次语文 60 多分，数学 70 多分和英语 80 几分”，从而毅然走向绝路。

岳原：“为什么父母如此看重孩子的成绩，成绩比孩子的生命更重要吗？”

世界上没有任何父母会认为孩子的成绩比生命更重要，这样的结果其实也远超过父母的想象，他们觉得只是对孩子严厉了些，而这正是对孩子“负责任”的一种做法，并没有想到会导致这样可怕的后果。这个时候再去谴责孩子的父母为时已晚，他们的余生将生活在失去女儿的巨大痛苦和自责中。

究其原因，都是父母望子成龙的心态在起作用。许多父母希望孩子能够出类拔萃，最起码能够超越自己，实现一些自己此生不能实现的梦想，孩子作为父母血脉的延续，某种程度上成为父母实现梦想的工具。为了实现望子成龙的目标，家长们不惜付出巨大的努力和牺牲来培养孩子。然而，这种强烈的期望往往对孩子的成长和发展产生负面影响，会让他们背负沉重的心理负担。当父母把所有的希望都寄托在孩子身上时，他们会不自觉地给孩子施加压力，这种压力会影响孩子的自尊心和自信心，久而久之，孩子觉得无论自己如何努力都无法达到父母的预期，从而开始自暴自弃，失去学习的动力，甚至失去活着的欲望。

岳原："世上有一种人叫'别人家的孩子'，这些孩子不仅长得漂亮，成绩好，还既懂事又孝顺，深得老师和家长的喜欢。每当我们有什么做得不好的时候，'别人家的孩子'就会蹦出来，像一颗闪亮的红星挂在天际，把我们照得黯淡无光，倍感羞愧。

"我不能理解的是，为什么家长只会拿孩子去比较，他们为什么不拿自己和'别人家的父母'比较一下呢？"

是啊，父母对孩子的期望过高，常挂在嘴边的一句话就是"你看别人家的孩子，比你年纪小，数学还能考100分，比你强多了"。这种话我小时候也听过很多次，父母总喜欢拿自己的孩子跟别人家的孩子比，最后结论一定是自己的孩子不行。

父母的初衷往往是好的，希望经由对比和打击让孩子认识到自己的不足，从而努力改变，但是这种做法往往适得其反。孩子听到父母这样说的时候，并不会感到被鼓励，而是非常厌烦，特别是父母当面这样夸奖别人家的孩子，贬损自己孩子时，他们更会觉得愤愤不平，心里暗暗地想"你觉得人家孩子好，你去要人家孩子好了”。

很多父母以为拿别人家优秀的孩子来刺激自己的孩子，能够激发他们的上进心，让他们能够更加努力，可结果总是相反的。对于孩子来说，如果无论如何都得不到父母的肯定，到最后他们往往选择破罐子破摔，或者变得自我厌弃，这绝对不是一种明智的教育方法。

岳原：“我小的时候，你也说过类似的话，我当时很伤心，觉得妈妈不爱我了。我觉得每个人都有自己的优点，也有自己的缺点，我的数学成绩可能不如佳佳的好，但我的画比她的画好。你为什么不能多看我的优点，而一定要拿我的缺点去跟别人的优点比呢？

“你看，我从来就没有拿你去跟别人的妈妈比，不管别人的妈妈多漂亮、多温柔，我永远都认为自己的妈妈最好。”

请你原谅，虽然我已经吸取自己小时候的教训，明白不能拿孩子去比较。但是当你成绩不好时，我也会不知不觉地说出这样的话。我很惭愧，孩子很多时候比大人更坚定。家长有时候受欲望驱使，也因为对生活的焦虑，对孩子的期望过于单一，下意识地会去比较，似乎只要比别人家的孩子更优秀，我们做父母的就算“成功”了。

孩子不会拿自己的父母去跟别人的父母做比较，因为他们懂得体贴父母的辛苦，知道父母不是最好的，却是最爱他们的。我们要感谢孩子，因为有他们的参与，人生才更完整。这世间的伤害不仅仅是“以恶之名”，很多伤害是“以爱之名”。每一个孩子都是独立的个体，是与父母不同的灵魂，不能用自己的期望与喜好“以爱之名”去掌控孩子。

父母过度关注成绩，而忽略了孩子的兴趣爱好和个性特点，会让孩子感到被束缚和限制，感到自己没有得到充分的认可和尊重，从而产生逆反心理。我

「父母不要给孩子“沉重的爱”」

们得承认每一个孩子都有闪光点，每一个孩子都有自己的人生道路。自己不是龙，就不要望子成龙，如果真的爱孩子，就应该给孩子一份理智的爱。

我明白得晚了些，但也希望那些望子成龙的父母，在孩子没有彻底对他们失去希望之前，就能明白这个道理。

青春叛逆期

岳原："父母口口声声说为了我们好，但是你们是否意识到，我们也是一个个独立的个体，有自己的人生和选择权。我们不希望被你们一味地束缚和限制，我们也需要有探索和成长的空间。

"每当我们不希望按照父母设定的最佳路线去成长时，你们就会说我们到了'青春叛逆期'。其实不是'叛逆'，而是大人不尊重我们独立的选择，喜欢凭借你们自己的人生经验对我们进行指责和干预，这是我们不得已做出的反抗。"

你说得有一定道理，但凡事要从两方面来看。一方面，孩子到了青春期，会经历生理和心理的变化，他们开始对自己的人生道路有了更深刻的思考，希望以自己的方式来探索世界，这毫无疑问是值得鼓励和夸奖的。但是另一方面，他们也可能会出现自我中心、自我意识过强等问题，导致孩子对父母、老师等成年人的言行产生怀疑和反感，甚至用语言和行动去反抗，这就是大人眼中孩子叛逆的表现。

对待所谓的孩子"叛逆期"，不能一味地打压和指责，但也不能全然地放纵和溺爱。打压和指责会让孩子的反抗情绪进一步累积，最后可能发展到不可收拾的地步；而放纵和溺爱会让孩子不成熟的价值观逐渐发酵，再受一些社会不正之风的影响，让孩子行为出现偏差，从而可能误入歧途，甚至跌进犯罪的深渊。

岳原：“那应该怎么办呢？父母过多管束，会让我们反感；不管不问，好像也不对。”

首先要明白，青春叛逆期并不是一件“坏事”，它是孩子越来越接近成年人的标志，是孩子走向成熟、走向世界的必经之路。他们的内心开始孕育力量，脑中开始思考世界运行的规律，不断从个人与社会的关系中，探索出真正的自我。

在这个过程中，受激素水平影响，青春期的孩子情绪会不稳定，产生各种问题，容易对父母、老师产生强烈的反感和对抗。这时采用简单粗暴的方式“压制”孩子，把自己和孩子放在对立面，只能让彼此之间的隔阂越来越深，导致父母越管控，孩子越叛逆。

家长要坚守一个原则：千万不要用严防死守、打压责骂、发怒暴吼的方法去管理孩子，而应该采用疏导的办法。孩子的青春期像一条奔腾的河流，如果采用围堵拦截的方法强制性控制孩子的言行，会让孩子内心的情绪无处发泄，像汹涌的洪水一样在家长用粗暴筑起的堤坝里掀起疯狂的巨浪，而堤坝迟早会决堤，决堤的力量强大又无约束，最后的结果只能是家长和孩子两败俱伤。

心理学上有个著名的“南风效应”，说的是寒冷的北风与温暖的南风打赌：看看谁先把行人的大衣吹落。于是，北风呼呼地向行人猛烈地刮，行人把衣服越裹越紧。南风则不然，它饱含着温情，轻轻地吹拂路人，行人越走越热，不一会儿就热得自觉脱掉了大衣。在孩子成长的过程中，总是有阵痛的，温和地对待孩子比冷酷严厉更能收到成效。

岳原："其实我们也不认为父母的话都是不对的，但是如果采取强制和高压的方式来说教，我们就会觉得非常反感，就算你们说得对，我们也不想听。"

今时不同往日，不能再以传统方法来教育孩子。我们作为家长需要不断学习在青春期如何尊重和倾听孩子的心声。孩子进入叛逆期后，格外渴望得到外界的尊重，以前家长在孩子的眼里，是权威的代表，这时要学习放下各种权力，平等地和孩子进行沟通与交流，帮助孩子从不谙世事走向成熟。

这世间没有完美的父母，也没有完美的孩子。苛求孩子完美，只会将其越推越远。我们要尊重孩子作为一个"人"的人格和尊严，把孩子当成一个有思想、有意识、独立的人，给予孩子足够的空间和自由度。同时，也希望孩子能理解父母，父母也是普通人，也会犯错误。父母之爱子，则为之计深远，正是因为爱孩子，才想为孩子的长远作打算，请相信，在父母不厌其烦说教的面孔下，有一颗对孩子挚爱的心。

除此之外，还需要共同讨论，在生活和学习上建立一些必要的规矩和界限，以确保孩子的安全和健康。希望你们明白一个道理，这世上所有自由都建立在遵守规则的基础上，没有不受约束和绝对的自由。

可以追星吗?

岳原："我们班有些同学很喜欢追星，不仅在穿衣打扮和生活习惯上向偶像靠拢，还经常用零花钱购买一些偶像的周边，甚至省吃俭用，把节省下来的钱拿去看偶像的演唱会。

"同学说爸爸妈妈不理解，为什么会为一个陌生人花费这么多时间和精力，他们不仅不支持，还会严厉训斥。如果我要追星，您赞同吗?"

追星是一把“双刃剑”，并非一无是处。很多家长对追星的看法都是“不务正业”，追星一定会导致孩子学习成绩下降。其实不然，任何事物都有其两面性，追星也一样，只要追得合适、追得适当，追星也有积极正向的一面。

我们小时候也追星，把偶像的大幅海报贴在桌前的墙壁上，学习累的时候抬起头看一看，幻想自己有一天能和偶像合影，亲自向偶像献一束花。在这种精神鼓励下，度过了日复一日、年复一年枯燥的学习生涯，当时坚持下来的学习动力就是希望有一天能考到大城市，去参加偶像的演唱会。

所以，如果你要去追星，我不会反对，因为妈妈也是从那个阶段过来的，很多孩子在青春期更渴望理解和关爱，把偶像当成了精神寄托，在繁重的学业中，找一个释放压力的缺口。从这点来说，孩子追星并不是一件坏事，起码为自己找到了一个奋斗的方向，更有积极向上的动力。

岳原：“但是有些同学追星好像很不理智，把时间和精力完全投入进去，不好好学习，也不认真写作业，加入一些‘饭圈’，意思是粉丝团队，还要去完成一些刷榜任务，显得很狂热。”

有些人追星比较理智，他们会学习偶像身上积极的一面，并树立成自己的目标好好努力，比如知名球星詹姆斯，他从小就十分崇拜乔丹，在这种崇拜的力量下，他勤练球技，努力刻苦，最终成了 NBA 骑士队的当家球星，成了像他偶像一样优秀的人。

其实像这样正面追星的例子还有很多，对于这种追星行为，家长不仅不需要过多干涉，还可以利用孩子追星的特点，设立奖惩机制，激励孩子正向的行为。给孩子设定一些小目标，每达到一个目标，就给孩子买一些他喜欢的明星的周边，或者有条件的话带孩子一起去看明星的演出。偶像的力量是强大的，永远不要小看一个追星族的能力，或许孩子为了能去见自己心中的偶像，达成了父母设定的目标，这也算皆大欢喜了。

「 追星要量力而行 」

但是过度、盲目追星，会严重影响青少年的学习和生活，所以需要正确地引导孩子合理追星。让孩子在成长过程中逐渐学会客观地去看待明星，不要理想化他们，放弃一些对明星不切实际的幻想，引领孩子去发现真实的世界，让孩子渐渐地领悟人生的真谛。同时，也要帮助孩子调控好追星所花费的时间和金钱，不要在过程中迷失自己，把大好的青春浪费在无谓、虚无的追星上。

走出情绪的“黑洞”

岳原：“我对追星兴趣不大，听听自己喜欢的歌曲还可以，但是花费大量的时间和金钱就为见明星一面，没多大意思，明星除了名气，和普通人没有什么本质的区别。看到一些同学痴迷于收集自己偶像的照片和行踪，为这些偶像情绪起起落落，我不是很理解。

“但是，我经常也会有情绪不好的时候，特别是在寒冷的冬天，或是长时间刷题，会突然感到非常不开心，有一种无力的抑郁将自己包裹，从而陷入很长一段时间的低落期，什么都不想干，睡眠也会受影响。”

人都有情绪不佳的时候，这个很正常，特别是在青春期，受荷尔蒙的影响，情绪更容易起伏。升学压力、父母期待、表现不满意等，容易让孩子产生焦虑和自卑感，使身心状态失衡。

此外，现在人们太依赖网络世界，缺乏和周围人的沟通和交流，更容易造成孤独和寂寞。今天的孩子像一座座小火山，不断接收、累积来自手机、交际和周遭事物的压力，无所遁逃。负面情绪不断地积累，最后到一定的阶段就会爆发，情绪开始失控，因为一些小事就大动肝火，或者对身边的一切产生厌恶的心态，甚至做出过激的行为，让自己深陷痛苦的泥潭。

现在患抑郁症的孩子越来越多，已经引起了社会的广泛关注，需要学校和家长重视并合理引导孩子青春期的情绪问题。

岳原：“那我们应该怎么办呢？我不是自己想要不开心，而是很多时候无法抑制那种低落的感觉，如何才能控制好自己的情绪，保持良好的心态呢？”

首先是要接纳自己的不良情绪，精神和身体一样，也会“感冒”和“生病”，不要负隅顽抗，会把小病拖成大病。人之所以会有负面情绪，很多时候是我们无法真正地接纳自己，不断对抗和试图改变，不愿意面对真实的自己，从而让内心感到痛苦，把自己困在情绪里无法自拔。承认自己是一个普通人、一个不完美的人，只有学会觉察自己的情绪，接受自己的感受，才能够从情绪的旋涡里走出来。

每个人都有自己的喜怒哀乐，这是人的正常心理反应，如果一个人的负面情绪长期得不到释放，就会影响身体健康，甚至还会影响到周围的人，导致人际关系出现矛盾。所以，无论遇到多么糟糕的情况，我们都应该允许自己有负面情绪，但绝不能任由它们左右我们的生活。人这一生，最困难的事情不是战胜外界，而是战胜自己。

生活中要注意远离那些负能量的朋友，抱怨和愤恨解决不了任何问题，反而会把你拖入同样的情绪中。只有远离那些爱抱怨、负能量满满的人，我们才能成为更好的自己。每个人都应该是自己情绪的主人，只有管理好自己的情绪，才能真正掌控好自己的人生。抑郁的情绪就像生命里的“黑洞”，有很强的吸附力，会把你吸到最底层、最糟的境地，但如果你能掌握它、和它共处，你就会拥有强大的力量。

> 岳原："我们学校有患抑郁症的同学，需要休学去治疗，对身体和学业影响都很大，抑郁的情绪一定会导致抑郁症吗？"

抑郁状态并不等于抑郁症，也不一定会导致抑郁症。抑郁是一种情绪，过一段时间可能就好了，无须大惊小怪。但是如果长时间情绪低落，失去快乐或对活动的兴趣，甚至开始影响到正常的生活和社交，就需要引起警觉了。

现在社会上患抑郁症的孩子不在少数。如果孩子精神长期低落，心情郁闷，积累起来的心理压力集中释放，产生极端的情绪反应，并有些过激的行为，就可能是患上了抑郁症。

患抑郁症的孩子并不是无病呻吟，他们需要得到社会和家长的关心，需要家庭和学校合作，织成一张防护网来接住孩子。要帮助孩子远离抑郁，走出情绪"黑洞"，需要家长理解、尽力支持、耐心陪伴。

家长发现孩子患上抑郁症时，不要惊慌失措，要站在孩子的角度去思考问题，充分了解孩子的情况，并给予足够的重视和支持。必要时，可寻求心理专家的支持和帮助。

在成长过程中，很难保证孩子永远不受伤害，孩子只有学会自我调整、照顾、呵护，懂得接纳自己并欣赏自己，拥有强大且自信的内心，才能勇敢面对外在的压力和挫折，不惧成长道路上的风风雨雨。

家长也要相信，每一个孩子都是一颗宝贵的种子，有的种子很快就能开花结果；有的种子需要漫长的等待和细心的浇灌，才能长出幼苗；还有的种子，或许一辈子都不会开花，但它终会长成一棵参天大树。耐心和等待，是父母给予孩子最珍贵的礼物。

第20课　小结

（1）当父母把所有的希望都寄托在孩子身上时，他们会不自觉地给孩子施加压力，这种压力会影响孩子的自尊心和自信心。

（2）父母的初衷往往是好的，希望经由对比和打击让孩子认识到自己的不足，从而努力改变，但是这种做法往往适得其反。

（3）每一个孩子都有闪光点，都有自己的人生道路。自己不是龙，就不要望子成龙，如果真的爱孩子，就应该给孩子一份理智的爱。

（4）家长要坚守一个原则：千万不要用严防死守、打压责骂、发怒暴吼的方法去管理孩子，而应该采用疏导的办法。

（5）家长对孩子追星不需要过多干涉，反而可以利用孩子追星的特点，设立奖惩机制，激励孩子正向的行为。

（6）让孩子在逐渐成长过程中，学会客观地去看待明星，不要理想化他们，放弃一些对明星不切实际的幻想，引领孩子去发现真实的世界。

（7）承认自己是一个普通人、一个不完美的人，只有学会觉察自己的情绪，接受自己的感受，才能够从情绪的旋涡里走出来。

（8）要帮助孩子远离抑郁，走出情绪“黑洞”，需要每一个成年人理解孩子，以及尽力支持和耐心的陪伴。

第21课

卫生防疫

防疫不防爱，我们在行动

鼠年新春，正值举国欢庆、全家团聚之际，新冠疫情从天而降，席卷全国，来势汹汹。新冠病毒张牙舞爪，四处肆虐。

事至危急，政府重之，全力以赴，共抗疫情。南山院士，亲赴武汉；兰娟女士，宝刀不老。调研疫情，果断封城；为保全国，再度封省。四万医护，逆向前行，赴汤蹈火，保家卫国。举国物资，滔滔入鄂，前仆后继，救我中华。世界友人，纷纷援手，山川异域，风雨同天，岂曰无衣，与子同裳。与时间赛跑，和病毒奋战，火神医院，七日建成，中国速度，再惊世界。方舱医院，收治轻患，患者痊愈，与君同喜。确诊疑似，逐日下降，抗疫转折，即在眼前，关键之时，尚不可松。病毒天敌，需全球携手，共抗疫情，以期胜利。

无冬日不可逾越，无春日不可到来。武大樱花，终将盛开，灿烂盛景，将再现人间。医护人员，无所畏惧，救死扶伤，可歌可泣；志愿队伍，勇往直前，奔赴一线，谱写英雄赞歌。中国儿女，人心聚齐，可移山，可倒海。美哉，我白衣战士，与天不老！壮哉，我中国人民，与日月争辉！

——岳原的作文《携手抗疫，共待春来》

疫情和后疫情时代

2020 年春天，一场突如其来的新冠疫情在人群中蔓延。起初，没有人在意这场灾难，以为像以前的流感一样很快就会过去，直到这场灾难逐渐扩大，和每个人息息相关，没有人能置身事外。受疫情影响，全球经济受到严重冲击，更有上百万的人死于新冠感染，世界格局也因为这场疫情而重新排列组合，疫情与世界百年未有之大变局相互缠绕，国际政治、世界经济、大国关系、地缘格局、全球治理、发展模式无不遭受重大冲击。

岳原："新冠病毒到底是什么？为什么会给世界带来这么严重的影响？"

新型冠状病毒，英文名称 COVID-19，简称新冠病毒，是一种 RNA 病毒，属于冠状病毒科的其中一个属种，由于其包膜上有向四周伸出的花冠突起而得名。

新冠病毒为线性单股正链的核糖核酸（RNA）病毒，在复制过程中可以产生突变，主要通过呼吸道、飞沫和密切接触传播，如果接触了被病毒污染的物品也可能造成感染，同时也存在气溶胶体传播的可能。如果人们感染了新冠病毒，一些人会出现发热、干咳、乏力、咽干、咳嗽等类似感冒的症状，重症患者可能出现呼吸困难甚至呼吸衰竭，会加重原有的基础病。由于个体差异较大，部分人感染后没有任何症状，即我们通常所说的"无症状感染者"。

新冠病毒堪称 100 年来全球最严重的大流行传染病，不仅导致上千万人感染和几百万人死亡，还辐射到人们生活的方方面面，这场疫情对经济、教育、旅游、医疗系统和政治等各个方面都产生了深远的影响。在经济方面，政府因为担心扩大感染出台旅行禁令和保持社交距离等限制，很多商场和餐厅停业，企业和行业面临巨大的经营困难。疫情给医疗系统也带来巨大的压力，由于病毒的传播，医疗资源挤兑，许多医生和护士不得不面对长时间工作和高风险的情况。

人们根据疫情发生的时间，将我们所处的阶段分为“疫情时代”和“后疫情时代”，可见疫情对当今世界的影响之大和影响之深。

岳原：“面对疫情，学校提出了很多隔离要求，您也跟我讲过多次外出要注意防护病毒感染。我们应该如何保护自己不受新冠病毒侵害呢？”

勤洗手和戴口罩是个人防护最主要的办法。正确洗手是预防呼吸道感染最有效的措施之一，外出回家后用肥皂或洗手液洗手并用流动水把手冲洗干净，然后用纸巾或干净毛巾擦干净。如果接触到呼吸道分泌物，如打喷嚏，应立即洗手。戴口罩是为了阻断病毒的传播途径，注意要选择市面上防护新冠病毒的口罩，如一次性医用口罩、外科口罩、N95 和 N90 口罩等。

在疫情防控期间，尽量不去人多的地方凑热闹，减少到人群密集的场所活动，避免接触呼吸道感染患者。及时注射新冠疫苗会在人体内产生相应的保护性抗体，形成免疫屏障。不过，不要因为有疫苗就觉得万事大吉而无所顾忌，疫苗接种后时间长了，抗体的浓度会下降，防疫的效果也会减弱。一旦出现呼吸道感染症状如咳嗽、流涕、发热等，应居家隔离休息，持续发热不退或症状加重要及时就医。

还要注意提升自身的免疫力，只有拥有强大的免疫力才能够抵御外界的病毒和细菌入侵体内。水是生命之源，多喝水，及时为身体补充所需要的水分。同时，保证体内营养物质充足，适当摄入新鲜的水果和蔬菜，更有助于让身体获得全面的营养成分，帮助增强免疫力。每天坚持一定的运动量，睡眠好、休息好，规律地学习和生活，保持一个好心情，都有助于筑牢自身的免疫系统。

岳原：“疫情防控期间学校停课，要求学生在家上网课，同学了一年多，还没有熟悉的感觉。而且，网课上得时间长了，感觉自己都不想与人交往了，以后我们的社交技能是不是会下降？”

你的担心不无道理。疫情防控期间，为了减少感染的隔离措施让儿童失去了大量户外运动和与同龄伙伴玩耍的机会，更多的时间待在房间里，与电子产品为伴，这对孩子成长的影响是多方面的。

没有充足的时间和小朋友们游戏互动，没有足够的时间和老师互动，导致不少孩子缺乏社交能力，缺乏专注力，变得孤僻、敏感，与他人的沟通交流能力大大降低，这样持续下去社交技能必然会下降，会减少孩子对世界全面的认知，这对孩子未来的发展是极为不利的。

在疫情封控期间，一定要关注孩子的心理和正常社交需求，给予他们更多的爱和理解。一直让孩子待在一个环境里会增加寂寞感，让他们慢慢变得单一和麻木，在家里可以多陪伴孩子做一些新鲜的事情，这样不至于让孩子和社会脱轨。只要解除管控，就要及时带孩子外出，他们需要走出去看看随时变化着的世界，这样的探索过程会增加他们对世界的渴求。外面的世界可能有病毒，但也有更多美好的事物等着孩子们去发现和探索！

「 遵守疫情管控要求 」

岳原："疫情对人们的影响是巨大的，伤痛也是深刻的，为了抵抗疫情，全球都付出了惨痛的代价。比起过去，我更想知道，未来世界还会发生类似新冠病毒这种大规模流行的传染病吗？"

新冠并不是目前为止最可怕的传染性疾病，人类历史上出现过多次改变世界的瘟疫，古代认为这是自然界给予人类的"惩罚"，现在人们知道是由于病毒的肆虐。随着科学技术的发展，人们已经大大提高了对病毒的防御能力，但人类并不是无所不能的，对大自然要永远保持敬畏之心。

我们没有办法确定未来是否还会发生类似新冠这样的疫情，谁也无法准确预测下一次大规模流行病毒何时会到来，因为病毒的变异能力非常强，我们能做的只有防患于未然，做好和病毒长期共存的准备。新冠疫情对全球产生了深远的影响，但也促进了全球团结和创新，加快了疫苗的研发。只有在全世界的合作和共同努力下，才能更好地应对类似的挑战，促进人类社会的健康发展和繁荣昌盛！

肆虐的流感

岳原："新冠疫情好不容易过去，我们终于可以正常上学了，但是随着冬季寒冷天气的到来，很多同学得了感冒，上课时听到此起彼伏的咳嗽声，一些同学发烧，只能请假回家休息。这些天班级里少了很多人，教室里显得冷冷清清的，老师说现在是流感季节，让大家这段时间要特别注意身体健康。为什么流感的威力这么大呢？"

流感不是普通感冒，是流行性感冒的简称，是由流感病毒引起的一种急性呼吸道传染病，主要通过打喷嚏、咳嗽等飞沫传播，接触被病毒污染的物品或者受污染的环境也可能引发感染。临床上常有畏寒、高热、头痛、乏力、全身肌肉酸痛和呼吸道症状。虽然流感也称为感冒，但流感远比普通感冒更危险，它喜欢攻击抵抗力弱的人群，比如老年人和小孩等，还容易引起各种严重的并发症，它的威力不容小觑。

流感的传染性极强，可以短时间波及周围的人群，严重的可在世界范围内暴发和流行，人类历史上发生过多次流感大暴发，其中最令人心惊胆战的是 1918 年的西班牙大流感，导致了数千万人死亡。2018 年，为了加强人们对流感的关注，由中国疾病预防控制中心联合国内外相关单位、机构共同倡议，将每年 11 月 1 日设立为世界流感日，呼吁全球加强流感防护。

岳原："有些同学患上了流感，怕耽误学习，不想请假回家，带病坚持上学，我觉得这样做并不合适。"

这些同学的做法从健康角度来说，并不可取。流感是一种传染性很强的疾病，病毒能够在空气中存活大约半小时，能通过人的鼻腔、口腔或者眼睛传染，尤其是发病后 2～3 天，传染性最强。患流感的学生带病去学校，会增加其他同学感染的风险，一些体弱的孩子可能因为染上流感而引发其他并发症，严重影响身体健康。在流感季，不让孩子带病上学是对全体同学负责任的体现。

同时，当孩子患病时，休息是最好的治疗方法。如果没有及时治疗疾病，可能会给孩子带来严重的伤害。这时候，要把学习任务往旁边放一放，要知道"身体才是革命的本钱"，没有一个健康的身体，拿什么去比拼未来。

岳原："普通感冒，拖上一段时间自己就好了，不一定要去医院就诊。流感的威力这么大，我们如何区分流感和普通感冒呢？在流感肆虐的季节，我们又该如何防护呢？"

对流感要引起足够的重视，不能等闲视之而延误了病情。流感的季节性明显，多发于冬春两季，普通感冒在四个季节都会有人患病。而且，相比普通感冒，流感的传染性更强，症状一般会比较重，比如全身酸疼、四肢无力、持续高烧、头痛等，严重时还会引发脑炎、心肌炎等并发症。

在流感暴发的季节，尽量少去人群密集的场所，避免接触呼吸道感染患者，减少感染机会。注意保持室内卫生、通风流畅，规律作息，并且要适当运动，增强身体免疫力。建议及时接种流感疫苗，这是目前抵御流感病毒侵入最有效的办法，尤其老年人和少年儿童，可以降低流感发展为重症的风险。

水痘可怕吗？

岳原："前些日子，班上有个同学脸上长了几个小红疙瘩，紧接着在这位同学的脖子、前胸、后背很多部位都出了红疹，老师发现后马上报告给了学校，并将这位同学送回了家。老师说这位同学患上了'水痘'，是一种传染性疾病，让我们都关注一下，如果有同学染上了要及时报告学校。

"水痘的传染性很强，我们会不会也被传染？需要从哪些方面来防护呢？"

你的担心不是多余的，水痘是一种以全身出疱疹为特征的疾病，传染性极强。通常水痘患者是唯一的传染源，自发病前1～2天直至皮疹干燥结痂期均有传染性。

水痘主要通过呼吸道飞沫和直接接触传播，也可以通过接触被污染过的用具间接传播，一年四季均可发生，特别是冬天和春天发病率最高，多发于儿童。发病前期可能会出现低热、烦躁、畏寒、头痛等症状，过一两天后身上就会生出皮疹，首先出现在躯干部位，其次逐渐扩散到四肢及面部。刚开始出现的皮疹为红色斑点，慢慢会发展成透明状的小水泡，再接下来会变成混浊的脓疱状。

岳原："身上起这么多水泡，会不会留疤痕啊。我可千万不要染上水痘，太可怕了。"

不要太担心。一般情况下得了水痘一周到两周就能自愈，而且不会有疤痕。但是如果不小心抓破水痘，可能导致感染，会留下凹痕。所以，爱美的小朋友千万不要伸手去挠水痘，要及时就医。

如果发现身边的同学得了水痘，要立刻报告老师将其隔离，同时还要注意与患病的同学保持一定的距离，避免与其亲密接触，不要触碰他用过的物品。如果不小心与生病的同学有接触，要第一时间彻底洗手，消除手部细菌，以减少被传染的概率。同时，最好对室内进行消毒，加强室内的通风换气，让病毒尽快消散。

预防水痘可以接种水痘疫苗，虽然并不能百分之百地预防水痘的发生，而且接种疫苗的效果会随着时间的延长而减弱，但是接种的儿童即使得了水痘，病情也会较轻，发病时间也会缩短，接种水痘疫苗是目前预防水痘最有效的方法。

「 身体不适要及时就医 」

不要太担心这件事，保持一个良好的心态。如果真感染了水痘病毒，及时就医进行正确的治疗和护理，很快就能痊愈。而且还有一个好消息，水痘痊愈后是终身免疫的，以后再也不用担心被传染了。

闻之色变的艾滋病

岳原："我知道除了新冠、流感和水痘，世界上还有'艾滋病'病毒，这种病毒也具有传染性，而且更为致命，一旦染上就无药可救。"

艾滋病是英文 AIDS 的音译，全名为"获得性免疫缺陷综合征"，是人体感染了"人类免疫缺陷病毒"（HIV，又称艾滋病病毒）所导致的传染病。

艾滋病本身并不会引发任何疾病，但是它能破坏人体的免疫系统，导致人体失去抵抗力感染其他的病毒死亡。人类天生具有免疫功能，当细菌、病毒等侵入人体时，在免疫功能正常运作下，就算生病了也能治愈。然而，艾滋病病毒攻击的正是人体的免疫系统，使人体丧失抵抗各种疾病的能力。简言之，艾滋病本身不是一种病，而是让人体处于一种无法抵抗其他疾病的状态或综合症状，人不会死于艾滋病，而是会死于各种感染性疾病或恶性肿瘤。

岳原："那就是说，如果有人不幸患了艾滋病，他的免疫系统会因受到病毒攻击而崩溃，其他疾病就会趁虚而入。现在世界上还没有针对艾滋病的特效药和疗法，所以，艾滋病也被称为'超级癌症'和'世纪杀手'，听起来挺可怕的。"

过去人们听到艾滋病这几个字，都是退避三舍，担心和患者说句话都会被传染。这些都是对艾滋病的认识误区，随着时代和科学的进步，人们对艾滋病的了解也在不断加深。艾滋病的传播途径有三种：性接触、血液以及母婴传播，其中母婴传播是儿童感染艾滋病病毒的主要途径。

艾滋病有潜伏期，时间可长可短、因人而异，平均为8～9年，在潜伏期内，患者可能没有任何症状，一旦发现明显症状，疾病基本已到晚期。目前尚无针对艾滋病的有效疫苗，因此对艾滋病最重要的就是预防，对青少年要积极进行防艾宣传。

青少年要谨防生活中的艾滋病传染源，交友要慎重，不找街头医生拔牙补牙、处理伤口，不去没有卫生资质的马路理发店理发，不要借用或共用牙刷、剃须刀、刮脸刀等个人用品。

虽然感染了艾滋病病毒难以治愈，但是和艾滋病患者正常的生活接触，如握手、拥抱、游泳、蚊虫叮咬、一起吃饭、咳嗽或打喷嚏等并不会传染艾滋病，所以，对于身边患有艾滋病的朋友，不必歧视和避之不及，保持平常心对待即可。同时，只要及时接受治疗，艾滋病患者可以长期生存，希望随着科学的进步，人类能够最终攻克艾滋病。

在人类进化的历史长河中，病毒始终如影随形，与人们生命健康息息相关。疫情斩不断人类探索世界的动力和勇气，时代在前行，科学在进步，希望有朝一日通过全世界的共同努力，阻断病毒伸向人类健康的黑手。

第21课 小结

（1）在疫情防控期间，尽量不去人多的地方凑热闹，减少到人群密集场所活动，避免接触呼吸道感染患者。

（2）随着科学技术的发展，人们已经大大提高了对病毒的防御能力，但人类并不是无所不能的，对大自然要永远保持敬畏之心。

（3）在流感季，不让孩子带病上学，是对全体同学负责任的体现。

（4）及时接种流感疫苗，这是目前抵御流感病毒侵入最有效的办法，尤其老年人和少年儿童，可以降低流感发展为重症的风险。

（5）水痘主要通过呼吸道飞沫和直接接触传播，也可以通过接触被污染过的用具间接传播，一年四季均可发生，多发于儿童。

（6）预防水痘可以接种水痘疫苗，接种的儿童即使得了水痘，病情也会较轻，发病时间也会缩短，接种水痘疫苗是目前预防水痘最有效的方法。

（7）艾滋病本身并不会引发任何疾病，但是它能破坏人体的免疫系统，导致人体由于失去抵抗力感染其他的病毒死亡。

（8）青少年要谨防生活中的艾滋病传染源，交友要慎重，不找街头医生拔牙补牙、处理伤口，不去没有卫生资质的马路理发店理发，不要借用或共用牙刷、剃须刀、刮脸刀等个人用品。

第22课

自我保护

生长在花季，青春不迷茫

前些年，台湾出版了一部长篇小说：《房思琪的初恋乐园》。书中描述了一位14岁少女房思琪被补习班老师性侵和精神虐待，让她痛苦抑郁，最终发疯的凄惨故事。该书的作者是台湾年轻女作家林奕含，书中是她自己经历的写照。林奕含以自身被性侵的经历为素材，写出了一个少女遭遇挫折后的心路历程，这些如诉如泣的文字拯救了无数挣扎在过去有同样遭遇的女孩，同时也让人们看到这些女孩被侵犯后的心理阴影和无法言语的痛苦。

林奕含出生在台湾一个富裕家庭，父亲是当地知名的皮肤科医生，她本人不仅漂亮而且极为聪明，从小学到高中一路读的都是台湾名校，高中毕业以优异的成绩考上台北医学大学。这么一个看起来家世、颜值、智商无一不优秀的天之骄女，本该前途灿烂、人生幸福，谁曾想到，她竟然会在未成年时遭遇伤害，从而引来人生轨道的巨变。

上高一时，林奕含参加某名师的补习班，被补习的男老师性侵，巨大的精神压力让她得了重度抑郁和精神分裂。曾经拿到全系第一名的成绩，并先后两次考上大学的她，最后不得不因精神疾病几度休学。性侵她的老师摧毁了一个少女的肉体，也毁了她的灵魂、她的未来，以及她的一切。林奕含将她的痛苦和绝望化为文字，写出了她人生唯一的一部小说，并在该书出版2个月后，在家中选择放弃生命，永远地离开了这个世界，年仅26岁。

林奕含在生前的采访里提道："写书的人常常有愿望希望人类历史不要再发生这样的事（性侵害）。可是我很确定这样的事情仍然会继续发生。现在、此刻也正在发生。"

我从哪里来？

在我的小时候，经常问妈妈我是从哪里来的，妈妈有时说是从垃圾堆捡来的，有时说是路边的老爷爷送的，有时说是从床底下翻出来的……每次的回答都不一样。我很奇怪，大街上的垃圾堆我翻过了，街头的老爷爷我也问过了，床底下我也看了，没发现有小婴儿啊，那我到底是从哪里来的呢？这个问题困惑了我好久，但最终也没有从妈妈那儿得到答案。

岳原4岁时开始对生命的来源产生疑惑，她手里摆弄着一个洋娃娃，说洋娃娃是自己的孩子，突然她转过身，很认真地问我："妈妈，我是从哪里来的？"

你是上天送给我们的礼物，爸爸和妈妈在一起很相爱，然后就结婚了。爸爸的一颗种子和妈妈的一颗种子结合在一起，变成了一个小胚胎，这个小胚胎住在妈妈的肚子里，它一点点长大，慢慢地长出手、脚和眼睛，这就是你。经过10个月的灌溉滋养，等你准备好了，愿意来到这个世界时，会在医生的帮助下从妈妈肚子里降生。

我们满心欢喜、无比热烈地欢迎你的到来，为你准备了房间、小衣服、奶瓶和各种小孩子喜欢的玩具，希望你能喜欢这个世界。

孩子大约从 3 岁开始对自己生命的来源产生疑问，当孩子提出：我从哪里来？这是孩子对自己生命追寻的开始，这个追寻一直到孩子完全理解孕育时才会结束，这个过程可能会持续多年。然而，孩子身边最值得信赖的人，觉得生孩子是一件复杂又隐秘的事，会用种种谎言来欺骗孩子，无论是捡来的、换来的，还是充话费送来的，这些自以为是的回答并不会让孩子感到生命的神圣与珍贵，感到父母对他们的期盼与爱，反而会感到自己不受重视，失去了归属感。等他们长大，明白父母在欺骗他们的时候，也会失去对父母的尊重和权威感。

我一直在等待岳原提出这个问题，希望能够慎重回答她，同时也是回答当年的自己。在为她解答生命来源的问题时，用她听得懂的语言，在客观解释事实的同时，注入我对她生命的情感和期待，在这个过程中，父母要给孩子建构的生命观是生命源于爱。

岳原长大一些了解到性别的不同后，问我："这个世界为什么有男孩儿和女孩儿，当我在你肚子里时，你希望生个男孩儿还是女孩儿？"

我们所在的世界具有多样性，有阳有阴，有天有地，有红色的花也有绿色的草，有人类也有动物。动物分公母，人也分男女，这说明了万物的不同与差异性，想想如果我们睁开眼睛发现什么都是一样的，这个世界该多么乏味。尽管每一个个体都不一样，却都是这个多彩世界不可缺少的一部分。

人类分为男和女，身体的构造和特性天生就存在差异，男孩子的个子普

「父母期待每一个宝宝的降生」

遍高一些，女孩子的个子矮一点，男孩子的力气更大，女孩子更娇柔……等到青春期，男孩和女孩还会有性别器官的不同发育，这些都是正常的。无论是男孩、女孩，还是一棵树、一朵花，都需要时间和精力的浇灌，慢慢地成长为大自然的一分子，都是弥足珍贵的。

当你是一颗小小的胚胎，在我肚子里成长时，我想过你可能是一个调皮活泼的男孩儿，也想过你可能是一个美丽漂亮的小姑娘，但是我最期盼的不是你的性别，而是你的健康。当你出生时，医生告诉我你是一个健康的女孩儿，没有任何语言能形容我当时的快乐与满足。

在认识到自己生命的来源后，孩子随着成长会进一步想了解男孩和女孩的不同。孩子对自己的性别提出疑问，一方面是疑惑为什么会存在性别的差异，另一方面是想确认自己是不是被父母所期待的那个孩子。在性别教育中，父母给予孩子的应该是无条件的爱，而不是基于孩子的性别。

让孩子逐渐认识男性与女性的不同，理解自己身体构造和异性之间的差别；让孩子感觉到自己的权利被尊重，自己的成长被关怀，自己的性别被接纳，才能健康幸福地成长。

青春期躁动

岳原十几岁后，到了青春期，她迅速地成长，有一天很委屈地说：“和班上的同学比起来，我的个子太高了，比班上很多男孩子的个子都高，有些同学嘲笑我，说我不像个女孩子。

“而且，除了身高，我要是再漂亮些就好了。我的脑门不够高，鼻梁不够挺直，你们为什么不能把我生得更好看些呢？”

有多少人羡慕你的身高啊，这说明你生长发育得更好、更充分，这是一件值得骄傲而不是自卑的事。爸爸妈妈的个子都比较高，你的基因就决定了你不会太矮，但是我们也只是普通的高个子，你大概率也不会高到哪儿去。有些孩子长在前，有些孩子长在后，不着急。

你希望自己有满意的身高、漂亮的长相，这是“期望中的自己”，而现实与期望之间有差距，从而对父母产生埋怨，这是正常现象。我们会产生外貌焦虑，是因为在现今的社会，有一种说法叫“颜值即正义”，长得好看的人更容易获得别人的赞美和认可，也更容易获取社会资源，久而久之，人们就不断地追逐外在的美丽。

但是，随着成长希望你能慢慢明白，得到他人的认同不仅仅靠身高或者外貌，还可以靠智慧、善良，以及学业成绩等。人的外貌很难改变，但是无论怎样漂亮的颜值，一个人的最终魅力来自他的智慧和人格。别人的认同固然重要，但是只有清楚地认识和接纳自己，不会因为他人的评价而动摇自我的认知，才能成为一个自信的人，一个内心坚定且有力量的人，不惧外来的风风雨雨。

岳原：“班级下课时，经常会有女同学聚在一起，悄悄问对方身体有没有变化，是不是来‘大姨妈’了？到了青春期，我们的身体为什么会发生这么大的变化？”

到了青春期，受到神经及内分泌系统的影响，身体和心理都会发生很大的变化，这是正常的。无论是男孩儿还是女孩儿，身高体重明显增长，体型会变得更健壮，饭量会逐渐增加。

这时人的性特征也开始发育，男孩子喉结会变得凸出，长出胡须，声音和以前比有很大的改变。女孩子乳房发育，第一次初潮后，会每月来月经等，这都是成长发育的过程。

在青春期性器官发育的初期，孩子的心态有时会很焦虑，对自己的身体变化感到茫然和害怕，担心别人发现自己的变化，甚至千方百计地掩饰。这时需要父母和老师及时给予开解和疏导，青春期的身体发育是正常和必需的，愉快地认识自己的性别，并坦然接受发育过程中的每一次改变，才能对自己产生内在的信心和力量。

无论如何，要记住，青春期的发育不是可耻的，而是生命成长的一部分，接纳身体的变化就是接纳自己的生命。

预防性侵害

岳原小时候，我跟她说要注意保护自己的隐私部位，警惕外来可能的伤害。她不太明白，懵懂地问："哪些是身体的隐私部位？我们需要注意什么呢？"

我们身体有很多个部位，有些可以露在外面给人看，有些不能给人看，也不能给人摸，不能给人看的这些地方就是隐私部位。女孩儿和男孩儿的隐私部位不同，女孩有三个地方，分别是胸、阴部和臀部，男孩不包括胸，其他两个是一样的。简单来说，女生穿背心和短裤的地方，就是我们的隐私部位，而男生可以露胸，但不能露出穿短裤的地方，所以短裤所遮盖的地方就是男孩子的隐私部位。

隐私部位要用衣服遮挡起来，不能随便给别人看，更不能摸。当然，我们也不能随便观看或者抚摸别人的隐私部位，这也是对别人的尊重。除了父母帮幼小的孩子洗澡，会触碰到这些地方，或者医生需要检查这些部位，其他情况下，如果有人以各种名义要看或摸孩子的隐私部位，都是不可以的。

同时，也要注意在公开场合不要讨论隐私部位，所谓“隐私”就是不方便公开的信息，避免谈话陷入尴尬。

岳原：“如果有人不小心碰了我们的隐私部位呢，比如挤公交车的时候，这么挤很难避免身体不触碰啊。”

在人群拥挤的情况下，有人不小心触碰到你身体的隐私部位并马上离开，是没有问题的，但是如果有人故意触碰，那就是不恰当的行为，要尽快离开那个地方。同样，如果有人以玩游戏、交朋友为借口，要看或摸你的隐私部位，或者让你去看或摸他的隐私部位，都是不可以的，这时要很警觉，大声地拒绝并立即离开这个人，然后第一时间告诉爸爸妈妈。

不仅仅是隐私部位，嘴巴、脸和脖子等都不可以随意让别人触碰，如果有人借口喜欢你，而故意抚摸、触碰你的身体，即使不是隐私部位，但是让你感到很不舒服，无论那个人是什么身份，都要明确拒绝，因为你才是你身体的主人！

这个世界并不都是阳光和鲜花，总有一些黑暗的角落，有一些阴暗的人，怀着阴暗的心理，把魔爪伸向幼小的孩子，对他们进行性侵害，一定要小心进行防范。

岳原：“那什么是性侵害呢？我知道我的身体我做主，遇到让我们感到不舒服的触碰时，要勇敢、直接地拒绝。但是怎么区分是正常的身体触碰，还是性侵害呢？”

「 我的身体我做主 」

性侵害是指一切以欺骗、暴力、讨好、教唆或物质引诱及其他非自愿的性接触，比如有人不必要却有意识地触碰孩子的隐私部位，受他人指示触碰对方的隐私部位，以及让孩子看带有身体裸露的人像图片、影视视频，这些都属于性侵害的范围，都是不允许的行为。遇到这种情况，要立即呼救并第一时间告诉家长或老师。

需要注意的是，性侵害的对象不仅仅是女孩儿，也包括男孩儿。这些行为对孩子来说，伤害性极大，可能需要孩子用一生来弥补心理上的创伤，所以要提前对孩子进行性教育，提高防范意识和自我保护能力，让不法之徒无机可乘。

岳原："我知道要小心防范陌生人，和陌生人特别是异性交谈时保持一定的距离，不要和他们过于亲近，也不要太相信他们的话。"

说得对，但是对于性侵害，不仅要小心陌生人，对熟悉的人也要加以提防。《儿童保护》2023年统计报告显示：在性侵儿童案例中，熟人作案的比例高达83.43%。

这个世界上，陌生人、熟人甚至一些亲近的人出于各种原因，都有可能对孩子进行性侵害，这个现实很残酷却是事实。有些人表面上是一个和蔼可亲的叔叔，私底下却可能是一个猥亵孩子的坏人。他会以各种理由欺骗、引诱孩子上当，达到他不可告人的目的。所以，孩子预防性侵，不能只提防陌生人，而是要提防任何人，只要有人触碰你的身体让你感觉不舒服，就要勇敢拒绝，并及时告诉家人。

岳原："好可怕，那我们应该注意哪些来预防这些伤害呢？"

家长要注意保护孩子，但是没有办法保证孩子永远在自己的眼皮底下，必须给予孩子足够的安全教育，提高孩子的防范意识。未成年人上学、放学或外出游玩，应结伴而行，尽量别走小路而走安全路线。不独自一人到河边、坡边、树林等偏僻处读书、写生，更不要单独一人在僻静的地方行走或跑步。不要和陌生人搭腔，发现有人盯梢或纠缠，应尽快向大庭广众之处靠近，必要时大声呼救。

未得到家长许可，不要在别人家过夜。即使是熟识的异性朋友也不要单独和他 / 她相处过久，不和他 / 她一起看爱情片，以及一些有身体暴露的影片和书刊，不谈论有关身体隐私部位的话题，并且坚决拒绝对方的非分要求。

如果在外面有陌生人送给你饮料或食品，不要接受，谨防其中有麻醉药物。拒绝任何成年男人的礼物，更不要搭乘他们的车辆，避免单独和男子在封闭的环境里会面。如果有邻居家的叔叔或哥哥热情邀请你单独去他家玩儿，一定要婉言拒绝。

在公共场合，如在地铁、公共汽车上受到陌生人骚扰时，要设法躲开并尽快脱身，若对方行为举止不当，要大声呵斥“我不认识你，不要碰我！”，可以寻求他人帮助并到达安全的地点，注意不要和骚扰的人在同一站下车，以防被坏人尾随。

记住，如果受到侵害，不要受任何人的威胁，要尽快告诉家长并第一时间报警。

爱和生命教育

我问岳原："在学校有性方面的教育吗？教育孩子如何看待自己的身体发育，或者上生理卫生课之类的课时，有预防性侵害方面的教育吗？"

岳原想了想，说："很少，我们有消防方面的教育和演习，但是性教育和预防性侵害方面的教育几乎没有。"

我们需要反思一下现今的教育体系，性教育不应该在孩子的教育中缺失，而应是其中重要的一部分。一方面，在生理卫生与健康方面，要教会孩子接纳并爱护自己正在发育的身体；另一方面，性教育的本质是让孩子学会爱和尊重，为孩子健康成长打下基础。

台湾女作家林奕含在受到老师性侵后，问过她妈妈：我们家什么教育都有，就是没有性教育。她妈妈回复说：我们家不需要。正是因为性教育的缺失，导致许多未成年人对性知识缺乏科学、正确的认识和引导，从而埋下一些性霸凌和性侵害的隐患。学校和家长应及时给予孩子性教育，告诉他们如何保护自己，教给他们防范危险、判断性侵害、逃离坏人和事后补救的方法。

由于现在网络越来越发达，孩子很可能会接触到一些不健康的网站，无论是家长还是学校，都很难随时监督孩子的网络使用，如果客观上阻止不了，就更需要对孩子进行性方面的教育和引导。

我们不是在向孩子宣传这世界的"恶"，而是世上有善良纯粹之人，就有穷凶极恶之人，就像事物的阴阳两面。不是发现了世上的阴暗面，而是阴暗面从来都没有消失过，一直存在。教会孩子保护自己的身体，提高警惕，防患于未然，及时斩断黑暗中一双双可能伸向孩子的魔爪，才能保证孩子在成长的道路上走得更顺畅、更安心！

第22课　小结

（1）当孩子提出：我从哪里来？这是孩子对自己生命追寻的开始，这个追寻一直要到孩子完全理解孕育时才会结束。

（2）在性别教育中，父母给予孩子的应该是无条件的爱，而不是基于孩子的性别，让孩子逐渐认识男孩儿与女孩儿的不同，理解身体构造和异性之间的差别，是孩子健康成长的基础。

（3）青春期的身体发育是正常和必需的，愉快地认识自己的性别，并坦然接受发育过程中的每一次改变，才能对自己产生内在的自信和力量。

（4）身体有很多个部位，有些可以露在外面给人看，有些不能给人看，也不能给人摸，这些地方就是隐私部位。

（5）性侵害是指一切以欺骗、暴力、讨好、教唆或物质引诱及其他非自愿的性接触，比如有人不必要却有意识地触碰孩子的隐私部位，受他人指示触碰对方的隐私部位，以及让孩子看带有身体裸露的人像图片、影视视频，这些都属于性侵害的范围。

（6）有数据表明，70%以上的性侵发生在熟人之间，发生在未成年人身上的比例竟然高达83.43%。

（7）孩子预防性侵，不能只提防陌生人，而是要提防任何人，只要有人触碰你的身体让你感觉不舒服，就要勇敢拒绝，并及时告诉家人。

（8）如果受到侵害，不要受任何人的威胁，要尽快告诉家长并第一时间报警。

第23课

学会急救

学会紧急救助，守护生命之光

几乎每个人都有崴脚的经历，大多数人认为，崴脚只是小伤，只要没骨折，在家休养一段时间就好了，但其实崴脚没有那么简单！

一天，12岁的男孩儿小宇在体育场打篮球。当时，他起跳投篮，没想到落地时踩到了防守队员的脚，崴了右脚。因为以前也崴过脚，小宇就没当回事儿，休息了一会儿就又忍着疼痛打了一会儿球，回家后发现右脚肿得更厉害了。妈妈帮小宇做了冰敷，很快就消了肿，妈妈见状也没太在意，小宇照样每天去参加体育活动。

但奇怪的是，从那以后小宇经常崴脚，半年下来已经崴了五六次，只要参加剧烈运动就会崴脚。这天上体育课，小宇再一次崴脚，当时痛得站不起来，妈妈赶到学校带他去医院外科就诊，检查显示小宇右脚脚踝韧带断裂，并伴有撕脱性骨折，必须进行手术。

医生向小宇妈妈解释，很多人以为崴脚是小事，休息几天不痛不肿就不管了，其实足踝部扭伤大多都伴有韧带损伤，扭伤后出现的疼痛和肿胀休息后虽然会消失，但是受伤的韧带需要较长的时间来进行修复。

小宇这次脚踝骨折就是韧带撕裂后，将它连接的腓骨一同扯断了，造成撕脱性骨折及骨裂。目前，医生通过手术已将骨折处固定。

妈妈很后悔，小宇当时打篮球关节扭伤后应该第一时间到医院，医生会用夹板、支具等来加压固定，帮助小宇的关节韧带修复，需要4个星期左右才能彻底恢复。这样，完全修复的韧带就不会反复崴脚和引起骨折了，没想到当初一个小小的崴脚，会导致这么严重的后果。

生活中的意外伤害

假期秋高气爽，晴空万里，是一个外出游玩的好季节。岳原说咱们去爬山吧，我和她一起高高兴兴上山，却在下山时没留意路边有几块碎石头，一脚踩了下去，马上感觉脚崴了，只能忍着不舒服，一瘸一拐地回家。

路上我跟岳原聊天："上大学时，妈妈是学校的短跑冠军，风光一时，有一次参加运动会，因为用力不当在奔跑中扭伤了脚，医生为我进行了治疗，很快脚就不痛了，那时年纪小贪热闹，没等脚伤完全恢复就到处跑着玩，结果落下了'习惯性崴脚'，稍微不注意，脚就会扭伤。"

岳原："'习惯性崴脚'，这个词我还是头一次听说，崴伤脚很常见啊，只要休息一段时间就能恢复，难道还会有什么'后遗症'？"

很多人小看崴脚，感觉不痛就以为没事了。其实脚扭伤后，如果恢复得不好，或者处理的方法不正确，就会留下后患，很容易再次出现扭伤，就像现在妈妈的"习惯性崴脚"。这种反复扭伤的情况，在医学上称为"慢性踝关节不稳"，因为第一次扭伤时没有及时固定，韧带没有完全恢复，造成了踝关节的稳定性不足，稍微受外力就会再次扭伤。

所以，脚扭伤后不要大意，及时找医生进行专业的治疗，而且不要着急，一定要等踝关节韧带彻底恢复后再去活动。你看，我现在轻易不敢参加快跑之类的运动，当年的崴脚处理不当，断送了我的运动生涯。

岳原：“看来我们运动时要特别小心，集中注意力，别分神，如果出现意外情况还要学会正确处理。还记得我去上跳舞课时，您说过不要轻易去练舞蹈的下腰动作，可能出现瘫痪，这是怎么回事？”

舞蹈课是女孩子非常喜欢的兴趣班，如果是正规的培训机构，按照正确的流程来跳舞是不会有问题的，但是如果培训老师不专业，小朋友贸然做“下腰”这个动作时，可能会伤到胸椎段，这里是脊髓所在的位置。脊髓在不良动作下受压、错位，一旦受损，可能会造成瘫痪之类的严重后果。

脊髓的损伤不像崴脚一样可以看到红肿等异样，表面看不到异常，但其实内部已经有大问题了，轻则出现神经支配区的疼痛、麻木等症状，重则导致下肢发生瘫痪，还会出现大小便失禁等情况。这种病例被称为“下腰瘫”，在儿童脊髓损伤案例中出现的比例越来越高，有必要引起家长的高度关注。而且对于儿童而言，“下腰瘫”的治疗是世界难题，提前预防是减少“下腰瘫”的唯一途径。

岳原：“那怎么办呢？下腰是舞蹈课的基本动作，好像也不可能不练，参加舞蹈课的小朋友怎样做才能免遭脊髓受损的伤害呢？”

家长要注意，孩子一定要在专业人员的指导下练习舞蹈，不建议儿童自行学习和训练，特别是下腰之类危险性较高的动作。如果想参加下腰训练，要先带孩子进行体检，有隐性脊柱裂等脊柱先天异常的儿童就不要练习了。同时，提醒孩子在练习动作前要充分热身，然后再缓慢进行脊柱后伸等动作。

此外，一旦孩子下腰后感到不适，千万不要不当一回事儿。脊髓损伤黄金救治时间在 8 小时内，应当抓住黄金救治时间，尽可能减少脊髓损伤。及时救治得当，可以避免出现瘫痪之类严重的后果。如果怀疑伤到脊髓时，不要用“公主抱”的方式把孩子抱去医院，更不要自行移动或搬运，最好的方式是立即让孩子平躺，随后及时拨打 120，交由专业医生评估和处理。

岳原：“人生真是处处充满危机，就像您说的，在我们平静幸福的生活下面，涌动着各种风险的潮流，要时刻保持一份警惕之心，任何时候都可能会发生一些意想不到的事情。

“今天，我的好朋友昱文没来上学，她在路上被一只流浪狗咬伤，不得不请假去打狂犬病疫苗。真没想到还会发生这种事情。”

昱文一定吓坏了，晚上我带你去昱文家，慰问一下她。经常会发生狗咬伤孩子的情况，因为孩子的体格较小，对狗没有震慑力，容易成为狗袭击的对象。在外面遇到没有拴绳的狗或猫时，要千万小心。不要因为好奇心去逗弄和抚摸它们。不要轻易靠近，尤其不熟悉的、来历不明的狗，保持安全距离为宜，不要在狗面前奔跑，更不要表现恐慌和大喊大叫，否则反而容易惊吓到它们。

如果有狗凑上来嗅你，这时冷静地站立，记住一定不要直视它的眼睛，在动物的语言中，这相当于在挑衅它，会迅速让它进入战斗状态。也不要因为害怕而跑开，奔跑只会引起狗狗追逐的本能，正确的做法是把视线从它身上挪开，尽量淡定地做一些无关紧要的事情，直到狗狗对你失去兴趣。

「 动物咬伤要及时就医 」

岳原："如果最后没跑开，像昱文这样被狗咬伤了，应该怎么办呢？必须打狂犬病疫苗吗？我可不想打针。"

如果不幸被狗或猫之类的动物咬伤或挠伤，应立刻用肥皂和清水，交替冲洗伤口 15 分钟，血流不止的伤口可以用干净的衣物或纱布按压，然后马上到医院就诊，并接种狂犬病疫苗。

动物身上可能携带有狂犬病毒，人类受伤后如果受到感染，会引发狂犬病，这是一种极为烈性的疾病，目前没有有效的药物治疗，一旦发病，致死率几乎达到 100%，非常可怕。注射狂犬病疫苗是预防和控制狂犬病的主要方法，如果被狗或猫咬伤，不能有任何侥幸心理，一定要到专业医院就诊，并遵照医嘱，及时注射狂犬病疫苗。

家长要告诉孩子，如果被狗或猫咬伤，要第一时间告知。一些孩子因为逗弄流浪狗被咬伤，害怕遭到训斥而不敢说，延误了救治时间，风险太大，得不偿失。

常见伤害的急救方法

岳原："一些意外伤害，如果急救有效，可以避免发生最坏的后果。比如拿刀削苹果的时候，不小心削到手导致出血，这种生活中可能出现的意外情况，我们应该如何处理呢？"

如果伤口不深，只是划破皮肤少量出血，只需用清水和肥皂清洗，将伤口表面的残留物冲干净，用无菌的纱布按压几分钟止血，同时涂抹消炎药膏预防感染。

注意不要将棉花或其他绒毛状的物质敷盖在伤口处，因为它们会粘在伤口上面阻碍伤口愈合，在包扎时要保证伤口有较好的透气性，不能包扎得太紧。每天要换一次纱布，夜间可以让患处暴露在空气中，有利于伤口的愈合。

如果伤口比较深，出血量多，可以用过氧化氢清理伤口，用纱布包扎止血，然后及时前往医院由专业的医生进行处理。

岳原："如果是烫伤怎么办呢？我们班一个同学小时候伸手够桌子上的东西，没想到碰倒了暖水瓶，被开水烫伤，现在身上还留着大片的疤痕。"

生活中由于各种意外情况的出现，导致孩子被烫伤的概率很高，记住烧烫伤紧急处理口诀，一共5个字：冲、脱、泡、盖、送。

先用冷水冲洗患处15～30分钟，把伤口温度降下来。这时若有衣物附着在伤口上，降温后要小心脱去，如果衣物粘在身上，千万不能强行撕下，可以用剪刀小心剪开，以免破坏烫伤的皮肤，这是"冲"和"脱"。"泡"是将烧伤或烫伤的肢体泡于冷水中至感觉不到疼痛，注意不要用任何药膏或药水去涂患处，只能用无菌纱布覆盖所有的患处，避免感染。除轻微烫伤可以自行处理外，其他情况要及时送医由医生进行处理，这就是"盖"和"送"。

家长看到孩子被烫伤，惊慌失措，立刻脱去孩子烫伤部位的衣服或裤袜，这种做法很危险，会撕脱烫伤的皮肤，加重病情。若烫伤比较严重，表皮已经脱落，害怕伤口感染不敢用水冲洗，也会耽误最佳的治疗时机。烫伤后用冷水冲洗会快速降低创面的温度，减少热量对皮肤的损害，是最科学也是最方便的方法。

还有一些人有老观念，喜欢在伤口处涂抹牙膏、酱油、紫药水等，这些都是不科学的，会增加创面感染的机会和就医治疗的处理难度，仅用干净纱布覆盖创口即可，尽快就医为宜。

岳原：“如果有小朋友吃东西呛住喉咙，出现窒息，并且呼吸困难，情况很危急。这时我们要帮他尽快把卡在喉咙里的东西吐出来，能不能拍他后背，或者用手指伸入喉咙去取呢？”

生活中经常见到呛住喉咙的情况，吃东西时，原本应该进入食道的食物不慎被吸入了气道。如果没能咳出来，情况会变得复杂，会造成呼吸困难甚至窒息，是非常危险的！

要知道，人窒息后的几分钟是施救的关键时间，然而，专业急救人员很难在几分钟内赶到患者身边。这时不能拍后背，也不能伸手去喉咙中取，这种做法不仅没有效果，还会使异物更深入呼吸道，要赶紧用海姆立克急救法救助。

美国外科医生海姆立克经过多次动物实验，发明了这种急救方法，原理是利用肺部残留气体，形成气流冲出异物。1975 年 10 月，美国医学会以他的名字命名了这个急救方法，并成为许多医学教材上标准的急救方法之一，这个方法自问世以来至少挽救了上百万人的生命，被称为“生命的拥抱”。

海姆立克急救法并不复杂：从背后环住被卡住的人，前胸腹部顶住患者不留空，找到对方肚脐上方约二指的位置，一手握成拳头立放在腹部这个位置，用另一手抓住拳头，快速向上重击压迫患者的腹部。一定要快速有力，重复直至异物排出。

当异物堵塞气道发生在我们身边时，第一时间先拨打急救电话，再来实施海姆立克急救法。这种急救法简单易学且有用，应该成为所有人的必备技能。世界上最好的安全措施是尽可能地预防意外的发生，但是同时也

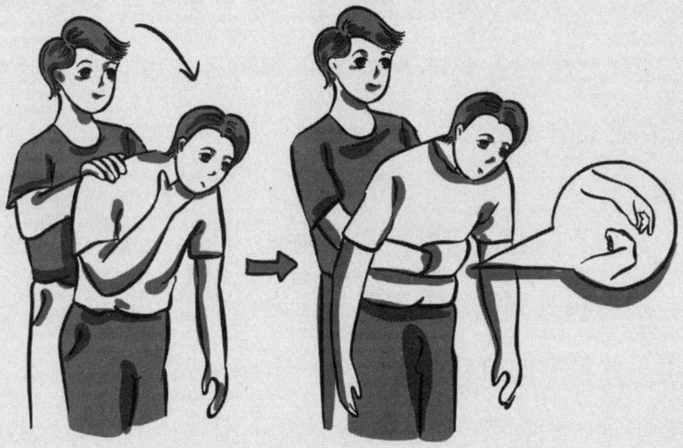

海姆立克急救法

「 挽救生命的拥抱 」

要做好准备，一旦意外发生时知道如何紧急救助，最大限度地减少意外对孩子们的伤害。

遇歹徒如何自救？

岳原：“这些天新闻里报道，有歹徒冲进学校，对手无寸铁的学生进行伤害，看到那些无辜受伤的小朋友，我感到非常气愤，这些人真是太可恶了。”

有些人心理有问题，通过伤害比他弱小的孩子来报复社会，这是令人发指的行为，也必将受到法律的严惩。无论在哪里，面对突如其来的歹徒，孩子们应学习一些基本的自救办法，决不能坐以待毙。

一定要牢记，遇到袭击，跑为上计！不围观，不停留，迅速地往远处跑，一边快跑，一边大喊“有坏人，救命啊”，跑得越远越好，往保安值班室或老师办公室跑。

不过，这种直接跑的方式只适合歹徒和你的距离在 2 米以上的时候，如果距离已经很近了，这时转身逃跑反而容易被歹徒袭击背部，要根据情况来判断是跑还是留。

岳原：“那打又打不过，跑又跑不掉，能怎么办呢？我只能躲起来了。”

对，如果跑不掉，躲起来是个好办法，建筑、树木、花坛、课桌都可藏身，也可以找最近的房屋，跑进去赶紧关门上锁。如果跑进房屋以后没能堵住门，歹徒就闯进来了，这时不要放弃，咬紧牙关，绕着桌子转圈跑，或者躲在桌子底下，或者在桌下朝着歹徒的反方向爬来爬去，在躲避的同时也要记得大声呼救。

这时如果有成年人或者个子高的孩子在和歹徒做斗争，千万别赤手空拳地搏斗，屋子里如果有椅子，就近随便抄起一把来拿在胸前抵住歹徒，这样做不仅可以保护自己，还能阻止歹徒前进的脚步。

如果最坏的事情发生，如歹徒近在咫尺，而自己也无力反抗，那么一定要记得这一招：躲在角落，抱头蹲下，大声求饶。这是没有办法的办法，能让歹徒放弃伤害自己的念头最好，如果不行，双手抱头蹲下这个动作，也能有效地保护我们的头部。

生活中的求救信息

岳原："在遇到危险或意外情况时，我知道不能盲目等待，要第一时间拨打求救电话，及时向外界发出求救信息。"

非常好，你都知道哪些求救电话呢？

岳原："公安局的报警电话是110，火警电话119，医疗急救120，这三个我记得最熟。"

不错，除了这些报警和急救电话，还有爸爸妈妈以及最亲近人的电话号码，从小就要熟记在心，紧急情况下，除了打给警方还要同时打给亲人，多方面求救。

假设一个孩子在外面遇到危险，但是又不方便打电话，这时怎么办呢？

岳原："可以发信息啊，编辑一段求救的文字，发给 110。"

对，不方便打电话时就发信息，但是要注意，短信报警的号码不是 110，而是 12110。把自己发生事情的时间、地点以及要求救的情况简要写清楚，发到 12110。假设再进一步，如果遇到危险，既不能打电话，也无法发信息，应该怎么办呢？

其实现在的智能手机大多数有一个隐藏的报警功能——连续按五次电源键就可以进入"紧急求助"功能，3 秒倒计时结束后，会出现"警务 110""火灾 119""救护车 120"三个选项，点击其中一个选项，电话就能呼出。在手机中提前设置好紧急联系人，那么连按 5 次手机电源键，手机就会向紧急联系人发送你的实时位置信息，在危险的时候可以快速获救。

如果在荒山野岭迷路或者遭遇危险，想报警又说不清楚方位，这时可以找一下附近的电线杆，电线杆上都有明显的编号，把电线杆编号告诉警察，警方能迅速锁定位置。

一定要记住这些重要的急救信息，我希望你永远用不上，但是用上的时候能救命。

掌握一些必备的急救信息和知识，对孩子们来说意义重大。不仅可以提高安全意识，让他们有效避免发生危险，还可以在突发事件中准确地判断，采取正确的应对措施，最大限度减少意外伤害带来的损失。

更重要的是，在危险情况下给孩子们提供安全的保障，让他们能够及时获救，得以健康幸福地成长，也是社会的责任。

第23课 小结

（1）第一次脚扭伤时没有及时固定，韧带没有完全恢复就正常活动，会造成踝关节的稳定性不足，稍微受外力就会再次扭伤。

（2）“下腰瘫”的治疗是世界难题，提前预防是减少“下腰瘫”的唯一途径，所以上舞蹈课时，不要贸然做“下腰”这个动作。

（3）烧烫伤紧急处理口诀，一共5个字：冲、脱、泡、盖、送。

（4）美国外科医生海姆立克经过多次动物实验，发明了海姆立克急救法，原理是利用肺部残留气体，形成气流冲出异物。

（5）一定要牢记，遇到袭击，跑为上计！不围观，不停留，迅速地往远处跑，一边跑，一边喊“有坏人，救命啊”。

（6）如果跑不掉，躲起来是个好办法，建筑、树木、花坛、课桌都可藏身，也可以找最近的教室，跑进去赶紧关门上锁。

（7）短信报警的号码是12110，把自己发生事情的时间、地点以及要求救的情况简要写清楚，发到12110。

（8）智能手机大多数有一个隐藏的报警功能——连续按五次电源键就可以进入“紧急求助”功能。

第24课

自我保全是人生的必修课

绷紧安全之弦，生命永远至上

章莹颖是一个出生在福建的女孩儿，她活泼、上进、明媚，是父母的掌中宝，也是同学和朋友眼中的学霸。从北京大学硕士毕业后，她在中国科学院客座学习了2年，学成归来，她仍不忘突破自己，于2017年4月，去美国伊利诺伊大学交流学习。那时候的章莹颖带着一家人的期待与满心的憧憬开始新的生活。然而，令她怎么也没想到的是，这次远行竟是一次生离死别。

章莹颖到美国不过2个月便遇害了，离奇失踪。据美方报道，当天晚上9点24分左右，章莹颖的副教授突然报案称，章莹颖不见了。章莹颖失踪前告诉同学，她要去签订房屋租赁合同，很快就回来，但几小时过去，她仍然没有回来。次日，美国警方正式宣布，章莹颖失踪案立案！

据警方连续多天的调查，在案发当日，章莹颖着急去与房东签合同却错过了公共汽车，一个男人驾车路过，声称自己是便衣警察，说服章莹颖上车后，将其绑架至公寓，并对她进行了殴打。整个过程中，章莹颖不断反抗、挣扎，试图逃命，却不幸被杀害。凶手落网后，一直负隅顽抗拒不认罪，经过漫长的审判流程，最后被判处终身监禁。章莹颖的遭遇在中美两国引发了极大的关注，那么优秀漂亮的女孩，怀揣着好学向上的心去异国他乡追逐梦想，却不幸遇难，实在令人唏嘘。

这件事虽已过去多年，但章莹颖父母仍沉浸在失去女儿的悲伤中，他们无尽思念自己年轻聪慧的女儿，时时感到痛苦和绝望，永远都走不出来。希望全天下的孩子们，无论身处何处，切记要提高警惕，保护好自己。因为，你的身后，那些深爱你的人，正等待你平平安安回家。

自我保全

岳原报名参加学校的研学，去杭州 4 天，行程很丰富，有游览当地的名胜古迹，还有班级团建活动。她特别兴奋，一边开开心心地收拾行李，一边和我叽叽喳喳说个不停。孩子第一次离开家去外地，我在为她高兴的同时，也有点儿担忧，不断絮絮叨叨地说一些外出的安全注意事项。

岳原："妈妈，这些话你已经说过 100 次了，我耳朵都快听出茧子了，这次研学是学校组织的活动，有老师和同学一起去，您还担心什么呢？"

中国有一句古话：儿行千里母担忧。我自己经常出差，拿起行李箱独自去非洲都不怕，但是一想到你要远行，就觉得心里一百个不放心，既担心万一天气不好，你会感冒受凉，又忧心一路上的安全问题，只有看到你平平安安回家的那一刻，这颗心才能放到肚子里。

在这世界上，为人父母都是一样的感觉，不管你们多大，在父母眼里都是孩子，恨不得时时刻刻盯着才好。一方面，我知道外出可以开阔眼界和增长见识，不能因为担心不安全就阻止你探索的脚步，这样会阻碍孩子的成长和发展；另一方面，我深知外面存在各种危险，一想到一不小心会吞噬自己费尽心血养育的宝贝，我就感到万分焦虑。

岳原：“放心吧，您都给我上过这么多次安全课了，我了解各种风险，会注意自己的安全，我向您保证一定会全须全尾回来的。”

那就好。我平时监督你学习，要求你成绩，但实际上我最在意的还是你的健康和安全。在你成长的过程中，会陆续有各种情况发生，我也会随之调整。家有儿女，父母的操心和担心就会多一层，以后无论你是去上大学，还是结婚成家，我都会牵挂。

随着年龄的增长，你的活动半径越来越大，离开我视线的范围越来越广，我的担忧也会随之增加。你会觉得妈妈怎么这么啰唆，会对妈妈越来越不耐烦。但我不介意，可能还会一如既往地唠叨。因为，我相信终有一天，你也会成为妈妈，能够理解现在我对你的担忧。

岳原：“风险是无处不在的，如果有一天我有了自己的孩子，我也会像您一样，给她上安全课，教给她各种安全知识，让她遇到紧急情况时知道如何冷静应对，如何求助来应对危险。”

是啊，意外事件发生的概率并不高，但是一旦发生就是100%，对每一个人来说，生命都只有一次。因此，与学习、财富和爱情相比，人身安全要排在第一位，重大到对人生有一票否决权。没有安全做保障，所拥有的一切都是虚无。在陌生的地方和别人发生矛盾、涉足一些危险场所时，要多想想这些行动可能会带来什么样的风险，自己是否做足了安全准备。

「 永远记住要保护好自己 」

古人云：身体发肤受之父母，你的身体并不完全属于你自己，还属于爸爸和妈妈，属于深爱你的人。你是我们的骨中骨、血中血，如果你有什么损害，父母的难过会增加十倍、百倍。所以，无论你今后身在何处，一定要时时刻刻绷紧安全之弦，把自我保全当作终生的必修课！

岳原："好的，我记住了，无论在哪里，保护好自己是人生最重要的事情。"

做一个情绪稳定的人

岳原自己收拾参加研学的行李，我一边帮助她，一边和她聊天："出门在外，不会像家里一样方便，有时候还会受委屈，比如你们逛了一天的景点，饥肠辘辘地进了一家饭店，发现菜价贵得离谱，但是端上来的饭菜难以下咽，这时你会怎么办？"

岳原："这要看我当时的心情，如果心情不错，可能抱怨几句就算了，如果饿着肚子等了半天，饭菜又难吃，这时人会变得烦躁，可能就会大声和店家嚷嚷，让他们给换一下。"

这种时候心情不好可以理解。但是，我的建议是出门在外，要尽量保持情绪的稳定。在旅游区进了一家饭店，发现饭菜价高且质量不好，就少点几个，凑合吃一下，不必发火。其他方面也一样，酒店的服务一般，或者导游的态度不好，可以默默记下来，回来再投诉，而不是当面和他们据理力争，特别是当你处于人少又势单力薄的时候，一定要尽量避免和对方争吵，以免招惹一些不必要的麻烦。

岳原："如果是对方的错，我也不能说？这样不是太委屈了吗？"

如果是朋友或同学之间相处，你觉得对方有错，可以立即指出来，因为你不会有危险。但是，如果是在外面面对不认识的人，不要和对方争执，因为你不知道对方是一个什么样的人，他的底线是什么，发生冲突可能会让自己处于非常危险的境地，得不偿失。

记住，在任何情况下，切记不要激怒对方。很多人自诩牙尖嘴利，特别是一些女孩子，说话不把对方顶到南墙上不罢休，殊不知这类人吃亏就吃在嘴巴上。据不完全统计，至少有70%案件的女性受害者在遇害之前，与嫌疑人有过相当激烈的争吵。有可能伤害到你的人未必是十恶不赦的坏人，很多激情伤人的案件是在被刺激之下发生的。每一个人都有善恶两个方面，每个人的心里都住着一个魔鬼，你要做的就是不激发人恶的一面，不激怒人心中的魔鬼，让它继续沉睡，不要伤害到自己。

岳原："如果是对方有错，我们什么也不能说，什么也不能做，只能默默承受，这样做不是在助长对方的恶吗？"

我这样说，并不是在教你软弱，而是要学会保护自己。这世界上有一些人充满了戾气，对任何事情都极为消极和负面，一点小事就有可能让他原地爆炸。遇到问题，我们总喜欢和对方讲道理，但是并不是每个人都值得讲道理，这样的人，你与他争辩，他只会气急败坏，甚至给你带来伤害。看过一个报道，感触很深。有一个女孩儿在外面吃饭，其间遇到醉汉的挑衅，醉汉不仅说话难听，还骂骂咧咧，女孩儿气不过就上前理论，一开始，醉汉还只是嚷嚷，过了一会儿，醉汉烦了直接拿出刀行凶，可怜的女孩儿倒在了血泊中。

所以，无论这事对方错得有多么离谱，也要尽量让自己的情绪保持稳定，学会避其锋芒，学会委婉表达，哪怕得理也要饶人。别和小人斗气，别在烂事上浪费精力。你吵赢了不见得就没有损失，本该有光明灿烂的前程，何必为了一时意气就毁了自己？有证据的事交给警察，没证据的事交给因果报应。当你发现对方不讲理，有道理也说不通的时候，就果断放弃，耸耸肩摊开手，走为上策。

情绪对人的行为和决策有着重要的影响，过度激动和冲动会让我们失去理性，做出错误的选择。做一个情绪稳定的人并不是软弱，而恰好是内心力量强大的表现。海纳百川，有容乃大，只有内心强大的人才会变得包容，而包容可以让一个人的精神状态更积极、更健康。

因此，在面对矛盾和挫折时，我们应该保持冷静和理性，避免情绪的干扰。不和不讲理的人计较是明智的，能更好地保护自己；不与烂事纠缠，及时放下，是人生最深刻的智慧。希望你离开家庭走向社会，不管生活多么困难、命运多么坎坷，都坚持做一个性情平和、情绪稳定的人，要相信，温暖会迎来春天，冷酷就有可能遇上刀尖。

十大救命法则

岳原：“我明白了，这就是人们通常所说的：被狗咬了，还能咬回去吗？如果外出遇到不讲理的人或事，我就及早脱身为妙，不过多地纠缠。”

无论在哪里遇到问题，温和坚定地应对远比强硬暴躁的情绪更有力量，以柔克刚，而不是以硬碰硬，这是保护自己最好的办法。

还记得我跟你说过的十大救命法则吗？一定要牢记在心，这比任何一次考试都重要。

第一，出门在外，宁可让人误会，也不要丢掉警惕之心。

一个人的好坏不能用直觉和外表来进行判断，只要和陌生人接触的地方，有任何的怀疑和不安，都要往坏的地方去想。保持警觉，不要轻易相信陌生人的话，更不能替陌生人保守秘密。

第二，成年人不会向孩子求助，遇到这种情况，要果断拒绝。

民谚有言："害人之心不可有，防人之心不可无。"人性的复杂很难尽数读懂，看似无害简单的请求背后，可能是一张恶毒残忍的面孔。提防这样的坏人，拒绝这样的请求，是保护自己的最好方法。

第三，一个人的时候，避免和陌生人进入封闭环境。

"章莹颖案"真相大白后，很多人都惋惜女孩的遭遇，设想章莹颖要是没有上这个嫌犯的车，或许就不会酿成悲剧，封闭环境给罪犯提供了作案的有利条件。因此，任何时候，当对方提出让你进入一个封闭空间时，如汽车、房间，一定不要答应。在公共场合，坏人不敢为所欲为，但是当把你带到封闭空间后就很难说了。

第四，不吃来路不明的食物，食物要放在自己的视线范围内。

任何时候都不要接受陌生人提供的饮料和食物；如果发现食物的外包装不正规，要多留个心眼儿；在陌生环境里吃过的东西，走开之后再回来，就不能再吃了。即便和熟人在一起，对对方的人品没有充分把握的情况下，坚持一个原则：离开过自己视线的食物坚决不能再吃，以防别有用心的人图谋不轨。

第五，出门之前要打招呼，晚上非必要不外出。

出门之前务必和家人打个招呼，告知自己的去向和预计回来的时间，非必要晚上不出门。如果必须外出，一定要走大路，不要走监控盲区，不走那些相对封闭的路段，像小胡同以及没有照明设施的小路，一些犄角旮旯、人迹稀少的地方，更不能去。不要戴耳机走路，因为听不到周围发生了什么事情。

第六，坐正规的交通工具出行，不要贪图便宜打黑车。

乘坐正规的公共交通工具出行，不要图便宜搭站外拉客的黑车。这类车辆安全隐患多，即便没有坏人，也容易出现超员超载、不遵守交通法规等行为。一个人打车时，上车前拍下车牌号并发给自己的亲友，这个动作要让司机看到。

第七，不要贪小便宜，天下掉下来的往往不是馅饼而是陷阱。

切记，天上不会掉馅饼，不要相信线上兼职、刷单之类的赚钱渠道。陌生电话不能信，不听、不信、不转账，远离网络诈骗，不管面临什么样的困境，都要时刻谨记天下没有免费的午餐。

第八，远离“垃圾人”，不要让他们毁掉你的人生。

心理学家大卫·波莱提出来“垃圾人定律”，形容那些被负面情绪缠身的人，他们身上装满了有害垃圾，伺机找个地方倾倒，有人刚好碰上，就会成为他们恶意发泄的对象。遇到这样的人，一定要避免激烈争吵，因为“垃圾人”是没有理智的，和他们讲道理不仅没有胜算，还会让他们变本加厉地伤害你。如果可以，想办法迅速远离，越快越好。

第九，救助别人之前，务必先保证自己的安全。

在救助他人的时候，首先保证自己的生命安全，这才是一种积极的、有效的救助。安全是第一位的，当前面充满凶险的时候，千万不要往前冲，首先要对自己的生命负责，然后再在能力范围内为自己的善良负责。

第十，遇到危险时，学会向他人求助。

遇到坏人时大声喊叫，可能会被路人误以为是朋友吵架，而不会伸出援手，这时想办法破坏附近人的财物，比如砸坏路人的手机，让物主揪住你不放，这样就相当于多了一个帮手。如果是在楼里，可以按下消防警铃，或者大喊“着火了”，吸引更多人出来帮助自己，而不是喊“救命”。在公共场合遇到危险时，向某一个具体的人求助，比向一群人求助更有效。

「 安全是家庭幸福的基石 」

生命权至上

岳原："十大救命法则我早记住了。我觉得意识不到危险往往才是最大的危险，只要人有危险的意识，随时随地都会注意安全。"

你说得很对，确实如此，很多时候我们没有觉察到真正的危险，觉得这不过是一桩小事，而实际上却可能威胁到生命。要珍爱生命，因为人的生命只有一次，生命是条单行道，永远都没有重来的机会。只有人们充分认识到生命的脆弱与珍贵，才能更好地预防和应对各种安全风险。

妈妈给你上了很多次安全课，最后总结成一句，那就是生命权至上。你的生命高于学习、高于财产、高于一切，如果遇到危险，钱财可以放弃，规则可以打破，坏人可以欺骗，你可以动用身边可以动用的一切，去反击或者跑开。同时，也要珍爱别人的生命。在任何情况下，不管任何原因，都要把生命放在最重要的位置。

岳原："明白，安全第一，生命权永远至上。"

生活中充满了未知与危险，谋求安吉，避开灾难，才得以让人类延续传承至今。人生难以预料，我们无法提前预见灾难，只能让孩子意识到生命的宝贵，牢牢筑起安全的防线，养成良好的行为习惯，让他们得以健康快乐地成长！

第24课 小结

十大救命法则

（1）出门在外，宁可让人误会，也不要丢掉警惕之心。

（2）成年人不会向孩子求助，遇到这种情况，要果断拒绝。

（3）一个人的时候，避免和陌生人进入封闭环境。

（4）不吃来路不明的食物，食物要放在自己的视线范围内。

（5）出门之前要打招呼，晚上非必要不外出。

（6）坐正规的交通工具出行，不要贪图便宜打黑车。

（7）不要贪小便宜，天下掉下来的往往不是馅饼而是陷阱。

（8）远离“垃圾人”，不要让他们毁掉你的人生。

（9）救助别人之前，务必先保证自己的安全。

（10）遇到危险时，学会向他人求助。